やさしい データ分析基礎

ExcelからRへステップアップ

佐藤公俊・藤江遼・後藤晃範・平井裕久

三恵社

はしがき

世の中には，様々な種類で膨大な量のデータが溢れ，そのデータをどのように収集，分析し，どのように利用するのか．これに応えるために，データ分析の知識が必要となる場面は増えています．その中でも，社会一般においても特にデータ分析による考察の重要性は高まっています．

本書では，データ分析の基礎的な内容を取り扱います．データ分析をおこなう初心者は，まずExcelを利用することが多いでしょうが，もしRを利用できる様になればデータ分析の幅が拡がります．そこで，データ分析で利用するソフトをExcelからRへステップアップできることを目指しています．

本書は，経済や経営，工学などあらゆる分野で必要となるデータ分析の基礎について，理解しやすいように，できるだけ平易な説明をおこなっています．そして，データ分析の応用的な手法を可能とするRの利用を理解できるようにしています．したがって，独学を考えている学生や社会人の利用はもちろん，ExcelやRを用いたデータ分析の演習講義でのテキストとしても利用できます．

本書では，まず「第1回」から，Excelによるデータ分析の基本的な操作方法を説明します．「第4回」では，簡単にアンケート調査がおこなえるGoogle formsによるデータ収集の方法について説明します．より高度なデータ分析を可能とするために，「第6回」では，Rを利用するための準備をおこないます．「第7回」からは，Rを使ったデータ分析の手法について説明をおこないます．最後に，「第11回」ではExcelを使った演習を，そして「第12回」ではRを使った演習を挙げています．これらの演習問題からデータ分析の意味を知り，的確に利用できるスキルを修得することで，少しでもデータ分析に興味を持つきっかけになることを願っています．

本書の執筆にあたり，三恵社の井澤将隆氏には，心より感謝の意を表します．

2021年6月吉日　　著　者

本書の使い方

本書は，社会科学系の大学生を主な読者とし，半期の授業（演習・講義）のテキストとして使用することを想定していますが，自習書として用いることもできます．授業の進行に合わせて演習を行いますので，Excel および R が利用できるコンピュータ環境を準備して下さい．なお，本書では Excel365 を使用しています．次のソフトウェアでは細かい操作方法や関数名が異なることがあります．

- Excel 2010 などの古いバージョン，将来のバージョン，もしくはオンラインバージョン
- LibreOffice や Google Docs などの Excel 以外の表計算ソフトウェア

しかし，ソフトウェアや時代が変わっても基本となる考え方は変わりません．本書では，Excel や R の操作方法を覚えることだけでなく，データ分析（統計処理）の考え方を習得することで，どのような環境でも臨機応変に対応できる力を身につけてほしいと思います．

本書のサポートページの URL は次の通りです．このページから正誤表の入手や演習用ファイルのダウンロードができます．

サポートページ `http://www.stat.ie.kanagawa-u.ac.jp/support_page.html`

目 次

第 1 回

データ分析の基礎知識

第 1 回は，情報化社会においてデータ分析が必要となっている現状について知り，データ分析の基礎的事項について説明します．

>>> **第 1 回の目標**

- 情報化社会でのデータ分析の必要性を知る．
- データの種類・入手方法を理解できる．
- データ分析の基礎を理解できる．

1.1 情報化社会でのデータ分析の必要性

情報化社会と言われる昨今では，様々な種類で膨大なデータを得ることができます．日々の生活でも日々情報に囲まれて生活をしており，情報化社会の進展は急激に進んでいる状況でしょう．例えば，Google における検索数の推移からも，「データ分析」は高い頻度で観測され続けており，また 2012 年頃からは「ビッグデータ」に関連する話題も盛んとなっています．

ビッグデータは，「データの利用者やそれを支援する者それぞれにおける観点からその捉え方は異なっているが，共通する特徴を拾い上げると，多量性，多種性，リアルタイム性等が挙げられる[*1]」ものと理解できます．企業経営に関する売上高や利益等の財務データや従業員・顧客に関するデータ等と比較して，より膨大となるマーケットでの取引データ等はビッグデータとして捉えられます．

データ分析を利用する場面は多岐にわたり，企業が抱える様々な問題解決に貢献します．例えば，企業が市場や顧客の動向を探るためにデータ分析をおこ

[*1] 総務省（2013）「情報流通・蓄積量の計測手法の検討に係る調査研究 (平成 25 年)」p.143

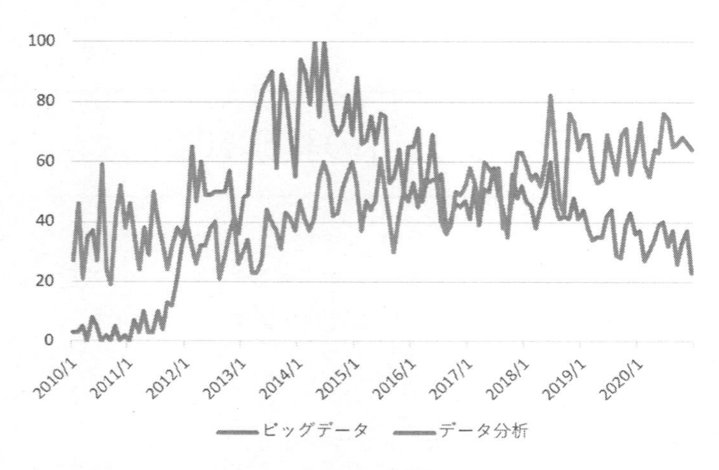

図 1.1　Google 検索数の推移（Google トレンドより筆者作成）

ない，製品やサービスをどの様に提供していくかといったマーケティング戦略を考える上でも利用されます．この様な場合には，市場での製品やサービスが今後どの程度必要とされるかを予測し，今後の戦略を考えなければなりません．そこで需要予測をおこなうことが必要となるでしょう．

最近では，AI（人工知能）を使ったデータ分析も盛んにおこなわれるようになっています．統計学や AI 等の技法をビッグデータに対して適用し，新たな知見を得る技術は**データマイニング**と呼ばれます．これまで数値（定量データ）を対象としたものが主でしたが，現在では文字（定性データ）などを対象としたテキストマイニングも多用されるようになっています．

1.2　統計の利用とデータの入手

世の中には色々なデータがありますが，どこからデータを入手して，それをどの様に解釈し，どうやって利用していくのでしょうか．統計学では，これらを明らかにして，医療や教育，そして企業経営の場面で活かしていきます．まず，データが持つ特徴を示すために発展したのが**記述統計**です．具体的には，データの平均や分散などを計算し，表での要約や，図としての表現，そして数値として示すことでデータの傾向を把握します．これに対して，収集されたデータに対して確率モデルを想定し，データの分析をおこなう考え方を**推測統計**といいます．例えば，与えられたデータが正規分布などの分布に従うと仮定した上で，平均や分散の推定量を考えます．

統計データの中でも，政府が提供をしている公的統計は，多くの人や機関で利用され，重要なデータです．政府統計ポータルサイトである e-Stat（https://www.e-stat.go.jp/）や統計局のウェブサイト（https://www.stat.go.jp/）からは，政府が作成した主要な統計の情報を得ることができます．もう少し小さいサイズのデータでは，企業のウェブサイトにいくと IR 情報として企業が公表しているデータや，自らアンケート調査をおこなった情報など，様々なところからデータを入手することができます．現在のインターネットが利用可能な環境では，金融データやサイト検索数のデータなど多種多様なデータを入手することができます．

データにはミクロデータとマクロデータがあります．実際に調査をおこなったり個別に集めてきたりした調査項目の情報をそのままデータとしたのがミクロデータで，生データや個票データと呼ばれます．このミクロデータをある基準に従って集計したものがマクロデータとなります．

データには様々な種類が考えられます．データ分析をおこなうためには，データがどの様な属性やどの様な尺度によるものかを確認する必要があります．データの属性を表す統計的概念のことを**変数**（variable）といいます．

変数には，名義尺度，順序尺度，間隔尺度，比例尺度があります．他にも変数の分類には，**離散変数**（discrete variable）と**連続変数**（continuous variable）があります．離散変数は飛び飛びの値をとる変数で，サイコロの目などがあります．これに対して，連続変数は気温や体重など連続した値をとる変数です．他の分類として，**質的変数**（qualitative variable）と**量的変数**（quantitative variable）があります．質的変数は，性別や血液型のようにデータがカテゴリーとして与えられるものです．これに対して，量的変数は，身長や成績の順位の様に連続変数ならびに離散変数として数値で得られるデータです．

またデータが，ある項目について時間の経過に従って複数の時点で示されているものが**時系列データ**（time series data）です．例えば，2000 年から 2020

年までの A 社の株価の推移など，1 指標の経時的な変化を見ることができます．これに対して，ある 1 時点で複数の値が示されているのが**クロスセクションデータ** (cross section data) で横断面データとも呼ばれます．例えば，2020 年における 30 社の売上高のデータなどがあります．そして，時系列データとクロスセクションデータを合わせたデータが**パネルデータ** (panel data) です．例えば，2000 年から 2020 年の間の G7 の GDP 推移などです．

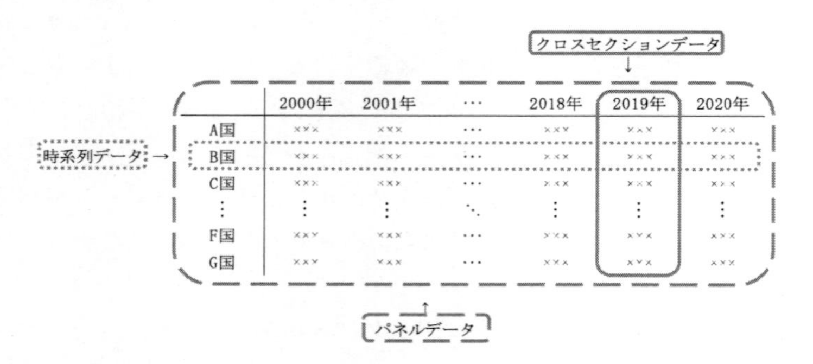

図 1.2　時系列データ／クロスセクションデータ／パネルデータの関係

表 1.1　データの種類

			例
質的変数	名義尺度	単に区別するために用いられる尺度	男女（男・女） 血液型（A・B・O・AB）
	順序尺度	大小関係にのみ意味がある尺度	順位（1 位・2 位・3 位） 賛否（賛成・中立・反対）
量的変数	間隔尺度	数値の差のみに意味がある尺度	気温（-10 ℃・0 ℃，10 ℃，20 ℃） 偏差値（40・50・60）
	比例尺度	数値の差と共に数値の比にも意味がある尺度	体重（0 ～ 100kg） 所得（0 ～ 1,000 万円）

1.3 データ分析の手順

データ分析をおこなうには，まず分析の目的を明らかにしなければなりません．そのためには，そのデータの持つ意味や背景を理解する必要があります．次に，データ分析で扱われる多くの手法について，何が分かりどの様な結果が導けるのかを確認して使う必要があります．そして，分析によって得られた結果について，どの様に解釈して判断するかが重要となります．データ分析において，ただのデータ遊びをしている状況とならないようにしなければなりません．

そこでデータ分析をおこなうために，まず分析の流れを考えてみましょう．ただデータを眺めているだけでは，何も明らかとはならないので，まず，分析で何をしたいのかをはっきりさせます．具体的には，何の目的で分析をして，何をしたいのか，何を明らかにしたいのかを考察します．そして，どんな手法やモデルを使っていくかを考えます．分析手法には様々なモデルが考えられますが，目的に沿って適当なモデルを検討します．ここから，分析をはじめていきますが，まずは簡単にデータの集計やグラフの描画などの可視化をおこない，データの大まかな傾向や特徴を掴みます．データの特徴や性質が分かってきたら，今一度，目的や手法の選択についての再考をおこない，分析を正しい方向へと方向付けます．目的を達成するために，分析では集計でデータ特性を明らかにするのか，特性毎に分類をおこなうのか，また将来的な予測をおこなうのかといった具体的な分析を決めます．

1.4 分析のための統計ソフト

データ分析をするためのソフトには有料・無料を含めて多くの種類があります．有料ソフトで今日において一般的に利用されているのは，表計算ソフトである Excel（マイクロソフト社）です．Excel には，「分析ツール」が準備されており，基本統計量の計算やヒストグラムの描写，回帰分析や簡単な統計的検定が行えます．より詳細なデータ分析をおこなうには，社会科学分野でよく利用されている SPSS（IBM 社）や医学，心理学などで利用される Stata（Stata

社）などがあります．これらは，Excel よりも高価なソフトとなりますが，研究などをおこなう上で，正確な統計分析結果を得ることが出来ます．無料ソフトでは，現在では R が一般的な統計ソフトとなっています．Excel と比較して，扱えるデータ量も格段に多く早い処理速度を誇っています．また，R 上で利用できるパッケージも多く公開されていて，これを利用することで，最新の統計手法などを使った色々な分析をすることが可能となります．

ソフトにはそれぞれに得意・不得意がありますので，それらを調べた上で，どの様なデータに対して，どの様な分析を，どの様な精度で行いたいか等を考慮して，ソフトを選択していくことが望ましいでしょう．

第2回

時系列データの分析：需要予測

第2回は時系列データを扱った分析例として需要予測を扱います．時系列データの変動を表現する折れ線グラフを用いるので復習しておきましょう．

>>> 第2回の目標

- 需要予測の意味・種類を理解し，計算できる．
- 需要予測の結果を評価できる．

需要予測は過去の時系列データを用いて将来の需要量を短期的または長期的に予測する方法です．もし，ある商品の将来の需要量が適切に予測されなければ，過剰在庫を抱えることや，品不足によって取引先との信頼関係を失うことにつながるため，経営に大きな影響を与えることになります．このため，適切な需要予測が企業経営において非常に重要であるといえます．需要予測にはデータのパターンや使用用途によって様々な手法があり，状況に応じて適切な手法を選択することが重要です．ここでは，広く利用される移動平均法と指数平滑法について理解しましょう．

2.1 移動平均法

移動平均法は需要量に急な上昇または下降がなく，季節性を持たないときに有効な予測方法です．3ヶ月以内程度の短期的な期間の予測に用いられることが多く，直近の在庫の補充決定やピークの推定，従業員のスケジューリングなど様々なところで使用されます．

ある商品の各週における需要量を例に考えましょう．図2.1の実線は各週の需要量を折れ線グラフを用いて表したものです．各週の需要量はばらついていますが右上がりのトレンドをもつことがわかります．一方，点線は移動平均法によって求めた各週の需要量の予測値を表しています．予測値についても右上がりのトレンドをもっており，ある程度は実際の需要量を予測できていることがわかります．

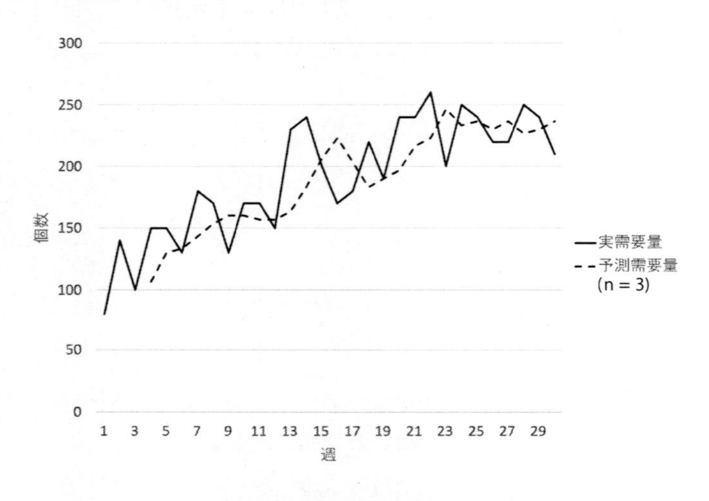

図 2.1　実需要量と移動平均法の予測値

移動平均法では，第 t 週の予測値 F_t は次の式で求められます．

$$F_t = \frac{A_{t-1} + A_{t-2} + A_{t-3} + \cdots + A_{t-n}}{n}. \tag{2.1}$$

ここで，A_t は第 t 週の実際の需要量（これ以降は実需要量と呼びます），n は予測値を求めるために用いる直近のデータの数（期間の数）を表します．期間の数を $n = 3$ として予測値を求めてみましょう．図 2.2 のようにセル B2〜B4 に過去 3 週分の実需要量のデータが得られているとします．第 1 週の需要量が $A_1 = 800$ 個，第 2 週の需要量が $A_2 = 1400$ 個，第 3 週の需要量が $A_3 = 1000$ 個であるとき，第 4 週の予測値は次のように計算できます．

$$F_4 = \frac{A_3 + A_2 + A_1}{3} = \frac{1000 + 1400 + 800}{3} \approx 1067. \tag{2.2}$$

この結果がセル C5 に表示されています．そのあと，第 4 週の実需要量 $A_4 =$

1500 が得られれば，第 5 週の予測値は第 2 週から第 4 週の実需要量を用いて，$F_5 = (A_4 + A_3 + A_2)/3$ と計算します．

	A	B	C
1	週	需要量	n=3
2	1	800	
3	2	1400	
4	3	1000	
5	4	1500	1067
6	5	1500	1300
7	6	1300	1333

図 2.2 実需要量のデータと移動平均法による予測値の計算結果

図 2.1 は各週の予測需要量と実需要量を折れ線グラフで図示しています．繰り返しとなりますが，予測値が第 4 週から始まっているのは，予測をおこなうのに第 1 週から第 3 週までの実需要量が必要であるためです．このように，移動平均法では始めに先行する数週分のデータ（この例では 3 週分のデータ）が必要となるため，過去のデータが十分に得られていない場合には利用することができないことに注意しましょう．

演習 2.1

サポートページ からデータファイル data02.xlsx をダウンロードしてください．移動平均の予測に用いるデータの期間を $n = 9$ として，予測値を計算し，図 2.1 のように折れ線グラフを用いて図示してください．さらに，$n = 3$ の場合と比べてみましょう．

2.2 指数平滑法

指数平滑法は移動平均法と異なり先行する大量のデータを必要とせず，少ないデータ量でも予測できる方法です．第 t 週の予測値は次の式で求められます．

$$F_t = F_{t-1} + \alpha(A_{t-1} - F_{t-1}). \tag{2.3}$$

F_{t-1} は前の週の予測値を表しており，$A_{t-1} - F_{t-1}$ は前の週の実需要量と予測値の誤差を表しています．つまり，予測がはずれた量を表します．この誤差に**平滑化係数**と呼ばれる割合 $0 < \alpha < 1$ をかけて，前の週の予測値 F_{t-1} に加えることで予測値が修正されています．また，上式を書き換えると

$$F_t = \alpha A_{t-1} + (1 - \alpha)F_{t-1} \tag{2.4}$$

となります．これより，平滑化係数 α を大きく設定するほど，前週の実需要量を重視して予測値を定めることになります．

2.1 節の移動平均法で用いたデータを利用して予測値を計算してみましょう．ここでは，第 2 期の予測値 F_2 は 1 期目の実需要量 $A_1 = 800$ として計算します．つまり，第 2 週の需要量を $F_2 = 800$ 個と予測したあと，第 2 週の実需要量が $A_2 = 1400$ 個であったとき，第 3 週の予測値 F_3 は次のように計算されます．

$$F_3 = F_2 + \alpha(A_2 - F_2) = 800 + 0.3 \times (1400 - 800) = 980 \tag{2.5}$$

図 2.3 では，Excel でこの計算結果を示しています．このあと，第 3 週の実需要量が $A_3 = 1000$ であれば，第 4 週の予測値は

$$F_4 = F_3 + \alpha(A_3 - F_3) = 980 + 0.3 \times (1000 - 980) = 986 \tag{2.6}$$

と計算できます．図 2.4 は平滑化係数を $\alpha = 0.3$ としたときの予測値をグラフ化した結果を表しています．

	A	B	C
1	週	需要量	α =0.3
2	1	800	
3	2	1400	800
4	3	1000	980
5	4	1500	986
6	5	1500	1140.2
7	6	1300	1248.14

図 2.3　実需要量のデータと指数平滑法による予測値の計算結果

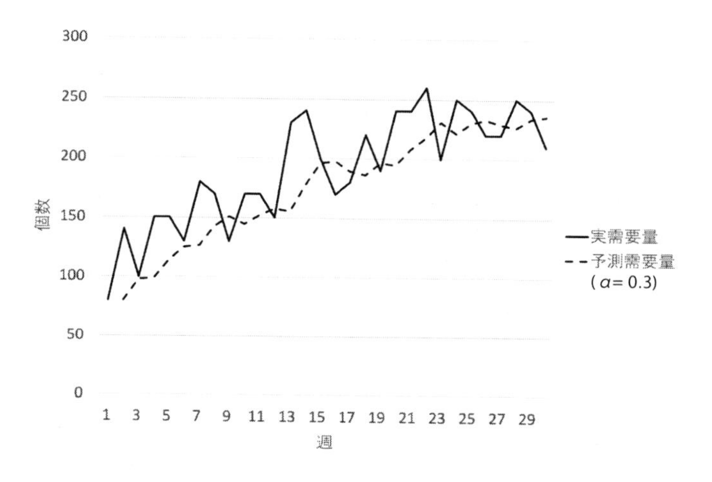

図 2.4 指数平滑法の予測値と実績値

演習 2.2

演習 2.1 のデータを用いて平滑化係数を $\alpha = 0.1, \alpha = 0.5$ として，予測値をそれぞれ計算し，図 2.4 のように折れ線グラフを用いて図示してください．$\alpha = 0.3$ の場合と比べてみましょう．

2.3 予測誤差

移動平均法や指数平滑法の他にも様々な需要予測の方法がありますが，選択した予測方法がどの程度適切なものであったのかを評価する必要があります．ここでは，予測誤差の測定方法として**平均絶対偏差**（MAD: mean absolute deviation）と**平均絶対誤差率**（MAPE: mean absolute percent error）について説明します．

まず，平均絶対偏差は誤差の絶対値を計算し，それを期間の数 n で割る（平均をとる）ことで求められます．

$$MAD = \frac{\sum_{t=1}^{n} |A_t - F_t|}{n}. \tag{2.7}$$

MAD は予測値や実需要量と同じ単位で結果が示されるので，誤差の大きさがわかりやすいという利点があります．しかし，実需要量が大きいほど，MAD も大きくなるため，異なる商品間の比較には適していません．

一方，平均絶対誤差率は誤差の絶対値を実需要量を割り，その平均値に 100 を掛けてパーセントとして計算されます．

$$MAPE = \frac{100}{n} \sum_{t=1}^{n} \frac{|A_t - F_t|}{A_t} \tag{2.8}$$

MAPE は実需要量に対する相対的な精度の大きさとして計算するため，異なる商品間の予測精度の比較に適しているといえます．

演習 2.3

演習 2.1 のデータを用いて MAD と MAPE を計算してください．

第3回

回帰分析

第3回は，Excel を使って回帰分析をおこないます．2つの変数の関係を見つけるための分析です．

>>> **第3回の目標**

- 単回帰分析の意味を理解し，Excel を使って計算・分析できる．
- 決定係数を求めることができる．
- 単回帰分析の結果を評価できる．

3.1 説明変数と目的変数

回帰分析は，変数同士の相関関係を捉え，ある変数の値から別の変数の値を予測する統計手法です．予測される変数を**目的変数**（他にも，**従属変数**，**被説明変数**などとも呼ばれます），予測に用いる変数を**説明変数**（**独立変数**）といいます．

回帰分析では，1つの目的変数を，1つ以上の説明変数で予測します．説明変数が1つの時を**単回帰分析**，また説明変数が2つ以上の時を**重回帰分析**と呼びます．説明変数により目的変数の予測をおこなう回帰分析では，目的変数と説明変数に何らかの関係性があると考えます．すなわち，目的変数を説明変数で説明できると考えます．しかし，回帰分析をおこなっただけで，変数間にどのような関係があるかは，わかりません．例えば，「勉強時間の多い学生の方が成績は良い」といった関係を説明したいとき，目的変数と説明変数は以下のように考えられます．

- 目的変数：成績 (試験結果)
- 説明変数：勉強時間

この時，一般的には2つの変数に関連があり，説明変数が大きいほど目的変数が大きくなることがわかります．この2つの変数には，相関という関連性があり，この**相関関係**を回帰分析では明らかにします．しかし，分析によって2つの変数に強い相関がみられたとしても，それは2つの変数の因果関係を示すものではありません．例えば，「英語の点数が高い人は，国語の点数も高い」といった関係があるとき，英語の能力と国語の能力は，どちらが原因で，どちらが結果を示すのか分かりません．しかし，統計的には，この2つの変数は強い相関を示すはずです．このように統計的に強い相関を示したとしても，因果関係を立証することはできません．因果関係があるときには相関関係が認められますが，相関関係があるからといって因果関係があるとは言えません．さらに，統計的に相関があるからといって，本質的に2つの変数に関連があるかは分かりません．例えば，「アイスクリームが売れると，扇風機が売れる」といった関係は，おそらく統計的に強い相関があるでしょう．アイスクリームと扇風機は共に夏の暑いときに売れます．しかし，これは夏が暑いから，アイスクリームも扇風機も売れるのであって，アイスクリームと扇風機には直接関連がないと考えられます．しかし，統計解析においては相関関係を示す結果が出てしまいます．このように分析に用いていない第3の変数の存在によって，あたかも2つの変数に関連があるようにみえることがあります．これを**疑似相関**と呼んでいます．他にも，偶然の一致で統計的に高い相関を示す例もたくさんあります．もしかしたら，未だ人類が知らない隠れた関係性があるかもしれませんが，明らかに関係のない変数に統計的に相関があったとしても，その分析結果が大きな意味を持たないこともあります．目的変数と説明変数にある関係性を分析する際には，統計的な解釈だけでなく，本質的な関連性も考えながら進める必要があるでしょう．

2つの変数の相関を見るときには，図に描くことで，その関係性をうかがい知ることができます．それぞれの変数を縦軸（y 軸），横軸（x 軸）とした平面上に，データ (x, y) としてプロットしたものが**散布図**です．

散布図上にプロットされた点は，場合によって目で見ることで変数の関連性が見えてきます．プロットされた点が多ければ多いほど，その傾向を掴みやすくなるでしょう．そのため，2変数の相関を見るためにも，ある程度のデータ数が必要となります．

演習 3.1

次のデータから，散布図を作成してください．

変数 1	57	64	68	65	66	70	72
変数 2	54	61	67	60	68	62	69

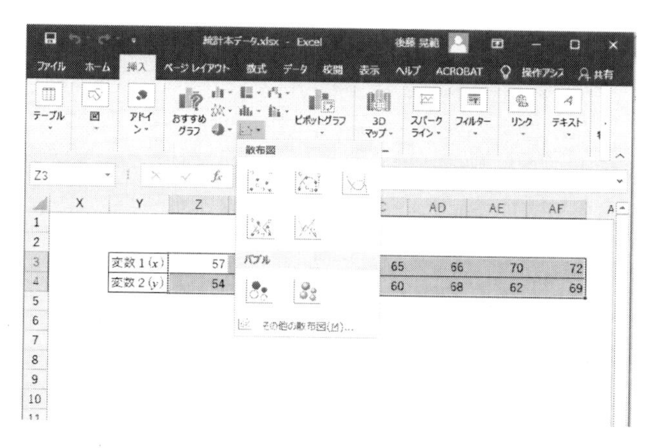

図 3.1　Excel 操作（演習 3.1）

散布図を見て，視覚的に一本の直線にデータが乗るようなときには，相関があると考えられます．つまり，一方の変数の値が増えたとき，もう一方の変数の値も増える（減る）といった直線的な関係が考えられます．また，相関の強弱を表す指標として，相関係数があります．一般的には，Pearson の**積率相関係数**と呼ばれるもので，式 (3.1) で表されます．

$$r = \frac{\sum_{i=1}^{n}(x_i - \bar{x})(y_i - \bar{y})}{\sqrt{\sum_{i=1}^{n}(x_i - \bar{x})^2}\sqrt{\sum_{i=1}^{n}(y_i - \bar{y})^2}} \tag{3.1}$$

$\bar{x}, \bar{y}$ は，$x_i, y_i, i = 1, \ldots, n,$ の平均値を表しています．

相関係数は，-1 から 1 までの値をとり，傾きが正ですべての点が直線上に

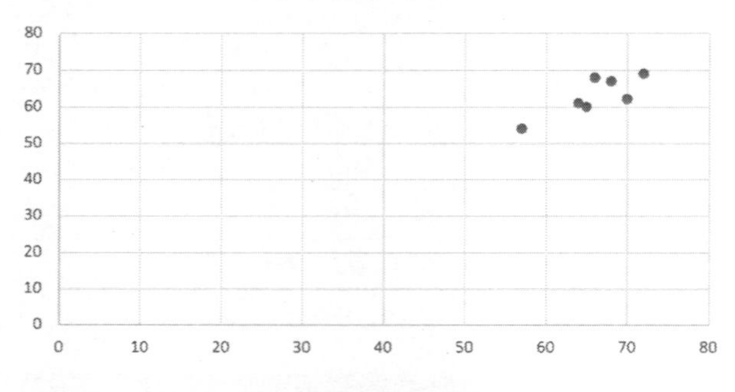

図 3.2　Excel 結果（演習 3.1）

乗っている時には 1 となり，同様に傾きが負の時に –1 となります．直線の関係が全く見られない時には，0 となります．

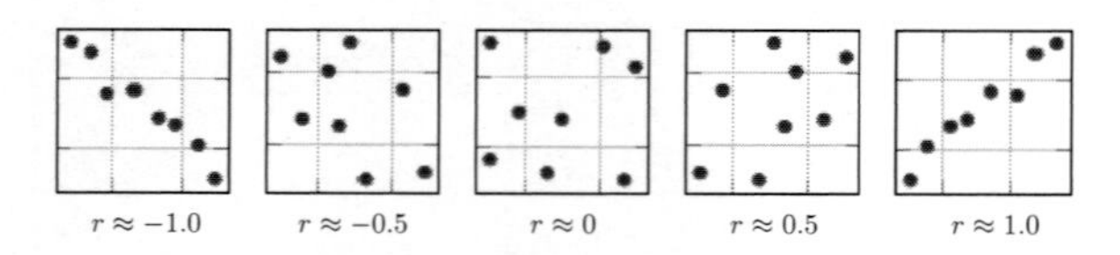

図 3.3　相関係数の値とその散布図

また，相関係数が 0 であっても，2 つの変数に関係があることもあります．例えば，二次曲線のような関係がある場合です．さらに，データの中に，他のデータから大きく外れている点（外れ値）がある時も，相関係数が影響を受けることがあります．相関係数を計算するだけではなく，散布図を描くことにより，視覚的に判断することで得られる情報もあります．

演習 3.2

演習 3.1 のデータから，散布図の中に，近似曲線（線形近似）を引いてください．また，Pearson の積率相関係数を計算してください．

なお，Excel で散布図を作成することで，散布図の中に，近似の直線（Excel

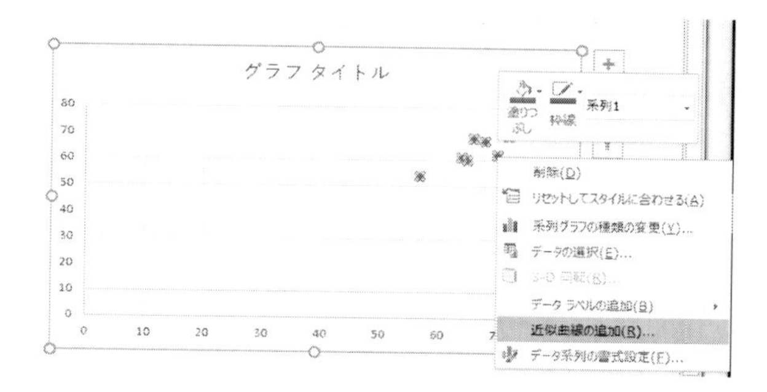

図 3.4　Excel 操作（演習 3.2）

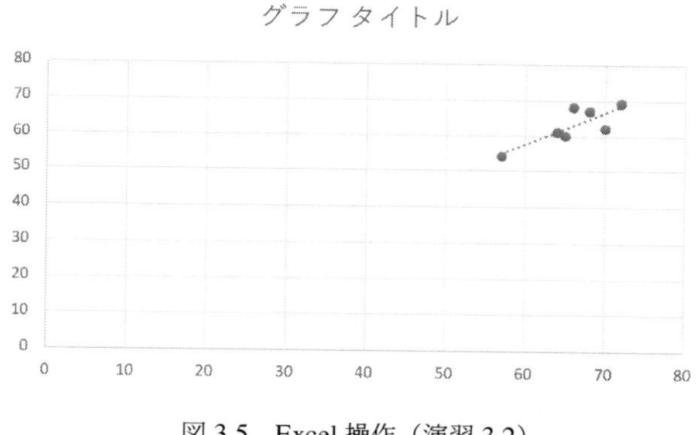

図 3.5　Excel 操作（演習 3.2）

では，「近似の曲線」の中の「線形近似」となっている）を引くことができます．また，次の関数で，相関係数を計算することができます．

- PEARSON（系列 1, 系列 2）：Pearson の積率相関係数を計算します．

他にも，CORREL() という関数もあります．

3.2　回帰分析

次のようなデータがあるとき，変数 1（説明変数）から変数 2（目的変数）を予測するのが回帰分析です．

AA7　=PEARSON(Z3:AF3,Z4:AF4)

	X	Y	Z	AA	AB	AC	AD	AE	AF
1									
2									
3		変数1 (x)	57	64	68	65	66	70	72
4		変数2 (y)	54	61	67	60	68	62	69
5									
6									
7				0.819033					

図 3.6　Excel 結果（演習 3.2）

変数 1	57	64	68	65	66	70	72
変数 2	54	61	67	60	68	62	69

まず，変数 1 と変数 2 の関係を確認するため，散布図を確認します．このとき，近似の直線を引いてみます．目分量で，この直線を引く場合のことを**スキャッターチャート法**といいます．

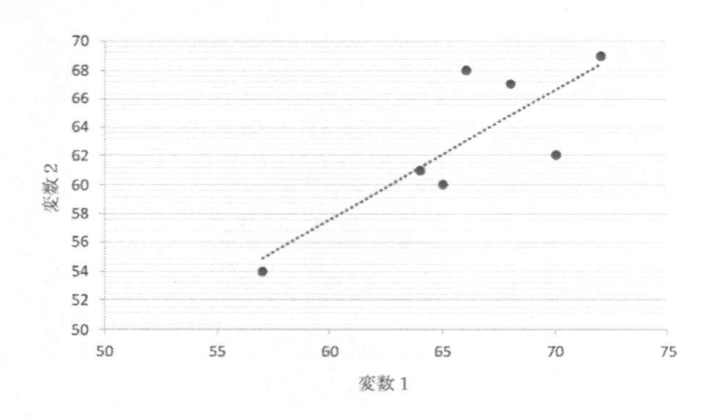

図 3.7　スキャッターチャート法

一方で，この直線を統計的に求める方法として回帰分析があり，引かれた直線を回帰直線と呼びます．このとき，変数 1 を説明変数 x，変数 2 を目的変数 y とすると，回帰直線は，式 (3.2) で表すことができます．

$$y = a + bx \tag{3.2}$$

この式を用いることで，変数 1（x）の値が与えられたとき，変数 2（y）の値を予測することができます．また，この式のように，目的変数 1 つに対して説明変数が 1 つである回帰分析を，単回帰分析といいます．一方で，目的変数 1 つに対して説明変数が複数ある回帰分析を重回帰分析といいます．ここでは，単回帰分析を対象として，回帰分析の仕組みを説明します．重回帰分析については，第 7 回で説明します．

散布図から得られた回帰直線は，$y = a + bx$ のような式 (3.2) のように示されました．しかし，個々のデータ (x_i, y_i) 全て（表の場合は，(x_1, y_1), (x_2, y_2),...,(x_6, y_6)）が，この直線の上には乗っていないため，多少のズレ（差）が生じます．

$$y_i = a + bx_i + u_i \tag{3.3}$$

実際のデータの x_i と y_i は，式 (3.3) のように示されます．この時の u_i は，回帰直線との差を表し，**偏差**といいます．偏差は，回帰直線では説明できない部分なので，なるべく偏差が小さくなるようにすることで，x と y の関係をよりよく説明できるようにします．そのため，回帰直線は，すべてのデータに対する u_i をなるべく小さくなるような直線としなければなりません．

u_i をなるべく小さくして求められた回帰式は，次のようになります．

$$\hat{y} = \hat{a} + \hat{b}x \tag{3.4}$$

$\hat{y}$，$\hat{a}$，$\hat{b}$ は，ハット「^」がついており，これらは，予測値や推定値であることを表しています．つまり，回帰直線の切片や傾きは，$\hat{a}$，$\hat{b}$ と予測され，このとき，あるデータの x の値がわかったとき，y の値は，$\hat{y}$ であると予測できます．

偏差をどのように小さくするかを，次に説明します．回帰直線は，偏差である u_i をなるべく小さくすることで，当てはまりのよい直線となります．そのため，偏差を小さくするための方法として，最小二乗法と呼ばれる方法が一般的に用いられます．式 (3.3) から，偏差 u_i は式 (3.5) のようになります．

$$u_i = (a + bx_i) - y_i \tag{3.5}$$

このとき，n 個全てのデータに対する偏差の合計は式 (3.6) のようになります．

$$\sum_{i=1}^{n} u_i = \sum_{i=1}^{n}((a + bx_i) - y_i) \tag{3.6}$$

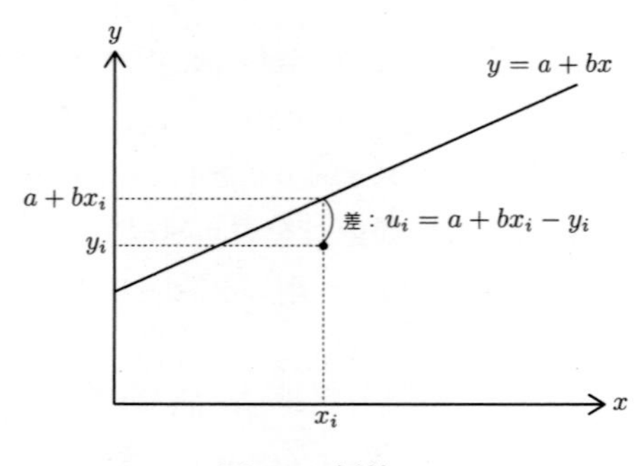

図 3.8　偏差 u_i

ただし，回帰直線の下にデータがある場合には，偏差の値がプラスに，また回帰直線の上にデータがある場合には，偏差の値がマイナスになるため，偏差の合計が相殺されてしまいます．そこで，式 (3.7) で示すように偏差の二乗和を最小にすることを考えます．

$$\sum_{i=1}^{n} u_i^2 = \sum_{i=1}^{n} ((a + bx_i) - y_i)^2 \tag{3.7}$$

このとき，偏微分することで，式 (3.8) の連立方程式を得ることができます．式 (3.8) を正規方程式と呼び，a と b の値を求めれば，それが回帰直線の傾きと切片となり，回帰直線を推定することができます．

$$\begin{cases} na + \left(\sum_{i=1}^{n} x_i\right) b = \sum_{i=1}^{n} y_i \\ \left(\sum_{i=1}^{n} x_i\right) a + \left(\sum_{i=1}^{n} x_i^2\right) b = \sum_{i=1}^{n} x_i y_i \end{cases} \tag{3.8}$$

なお，n はデータの個数です．

演習 3.3

演習 3.1 のデータを用い，回帰直線を求めなさい．

式 (3.8) へ代入すると，

$$\begin{cases} 7a + 462b = 441 \\ 462a + 30634b = 29234 \end{cases}$$

変数1 (x)	57	64	68	65	66	70	72
変数2 (y)	54	61	67	60	68	62	69

x	57	64	68	65	66	70	72	462
y	54	61	67	60	68	62	69	441
x2	3249	4096	4624	4225	4356	4900	5184	30634
xy	3078	3904	4556	3900	4488	4340	4968	29234

図 3.9 正規方程式の計算

この連立方程式を解くと，次のようになります．

$$a = 3.5070$$
$$b = 0.9014$$

そのため，回帰直線は，式 (3.9) のとおりになります．

$$y = 3.5070 + 0.9014x \tag{3.9}$$

なお，Excel では，次の関数を使うことで求めることができます．

- INTERCEPT(y のデータ，x のデータ)
- SLOPE(y のデータ，x のデータ)

また，先の Excel の散布図に近似曲線の追加する際に，「近似曲線の書式設定」から，「グラフに数式を表示する」で直線の式を表示することができます．

推定された回帰式によって，データの予測値を求めることができます．式 (3.4) における $\hat{y}$ になります．これにより，説明変数に対してある x の値を入れることで，その時の予測値を得ることができます．しかし，実際の従属変数の値 y と予測値である $\hat{y}$ には，差があります．これは，「**回帰残差**」もしく「**残差**」とよばれ，一般的には，e で表されることが多く，式 (3.10) のように示されます．

$$e_i = y_i - (a + bx_i) \tag{3.10}$$

なお，残差の和は 0 になります．

$$\sum_{i=1}^{n} e_i = 0 \tag{3.11}$$

また，残差は，一般的に適度なバラツキがあり，これを**等分散性**といいます．残差の標準偏差を標準誤差とよび，σ で表されます．誤差の総和は0なので平均も0となり，平均0，標準偏差 σ の正規分布に従うと考えると，0を中心に概ね 2σ の幅でバラつくことになります．

$$\sigma = \sqrt{\frac{1}{n-2}\sum_{i=1}^{n}(y_i - \hat{y})^2} \tag{3.12}$$

演習 3.4

先のデータを用いて，回帰分析の標準誤差を計算しなさい．

変数1 (x)	57	64	68	65	66	70	72
変数2 (y)	54	61	67	60	68	62	69

								平均
x	57	64	68	65	66	70	72	66
y	54	61	67	60	68	62	69	63
y^	54.88732	61.19718	64.80282	62.09859	63	66.60563	68.40845	

								合計
y-ybar	-9	-2	4	-3	5	-1	6	
	81	4	16	9	25	1	36	172
y-y^	-0.88732	-0.19718	2.197183	-2.09859	5	-4.60563	0.591549	
	0.787344	0.038881	4.827614	4.404086	25	21.21186	0.349931	56.61972

図 3.10　標準誤差の計算

$$\sigma = \sqrt{\frac{1}{7-2} \times 56.61972} = 3.365107 \tag{3.13}$$

また，残差をプロットしたとき，残差0を中心に標準誤差の 2σ でバラつかず，徐々にバラツキが小さくなるなど，一定の傾向が見られた時には，推定された回帰式には問題があるかもしれません．

他にも，大きく外れた点がある場合など，データに**外れ値**と呼ばれるデータを含めて分析すると，推定された回帰式が，真の回帰式と大きく離れてしまう可能性があるので，注意が必要となります．

推定された回帰式が，データをどの程度説明できているのかを評価するのが，決定係数です．決定係数は，R^2 で示されることが多く，その定義は式 (3.14) のとおりです．

$$R^2 = 1 - \frac{\sum_{i=1}^{n}(y_i - \hat{y})^2}{\sum_{i=1}^{n}(y_i - \bar{y})^2} \tag{3.14}$$

R は相関係数で，決定係数は相関係数の二乗になります．相関係数は，$-1 \leq R \leq 1$ の範囲で変化するので，その二乗である決定係数は，$0 \leq R^2 \leq 1$ となります．回帰直線の当てはまりがよいほど，1 に近づき，上手に説明できていることになります．

演習 3.5

先のデータを用いて，回帰分析の決定係数を計算しなさい．

変数 1 (x)	57	64	68	65	66	70	72
変数 2 (y)	54	61	67	60	68	62	69

								平均
x	57	64	68	65	66	70	72	66
y	54	61	67	60	68	62	69	63
y^	54.88732	61.19718	64.80282	62.09859	63	66.60563	68.40845	

								合計
y-ybar	-9	-2	4	-3	5	-1	6	
	81	4	16	9	25	1	36	172
y-y^	-0.88732	-0.19718	2.197183	-2.09859	5	-4.60563	0.591549	
	0.787344	0.038881	4.827614	4.404086	25	21.21186	0.349931	56.61972

図 3.11　決定係数の計算

$$R^2 = 1 - \frac{56.61972}{172} = 0.670816 \tag{3.15}$$

なお，Excel では，次の関数を使うことで求めることができます．

- RSQ(y のデータ，x のデータ)

3.3　Excel による回帰分析

Excel の「データ分析」を使い，回帰分析をおこないます．まず，Excel の「ファイル」「オプション」「アドイン」にある「データ分析」を利用できるようにします．その後，データタブから「データ分析」を選択し，分析ツールの中から「回帰分析」を選びます．入力 Y 範囲に目的変数（y），入力 X 範囲に説明変数（x）を指定します（図 3.12 を参照）．図 3.13 はその結果を示しています．

演習 3.6

先のデータを Excel のアドインを利用して回帰分析をおこないなさい．

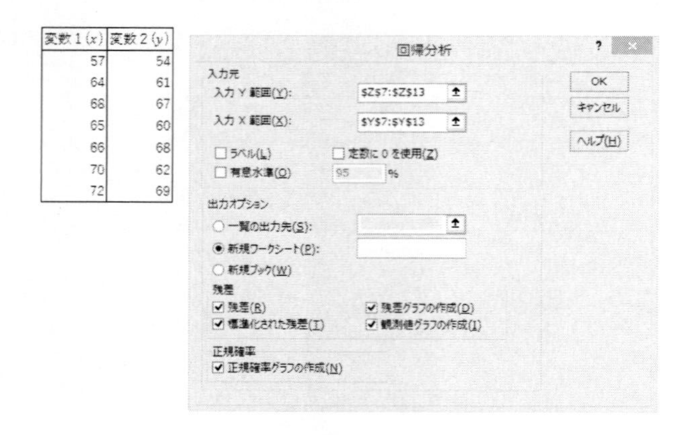

図 3.12　Excel アドインでの操作（演習 3.6）

この時，決定係数や標準誤差が，以前に計算したものと同じであることを確認してください．ただし，決定係数については，「補正 R2」と表示される自由度調整済み決定係数を用いることもあります．

また，一番下の表の「*P*-値」の列は説明変数の p 値を示しており，説明変数の係数の有意確率を示します．p 値は，その前の t 値によって決まります．一般的に p 値が 0.05（5%）以下であるとき，説明変数は，目的変数に対して説

回帰統計	
重相関 R	0.819033
重決定 R2	0.670816
補正 R2	0.604979
標準誤差	3.365107
観測数	7

分散分析表

	自由度	変動	分散	]された分I	有意 F
回帰	1	115.3803	115.3803	10.18905	0.02421
残差	5	56.61972	11.32394		
合計	6	172			

	係数	標準誤差	t	P-値	下限 95%	上限 95%	下限 95.0%	上限 95.0%
切片	3.507042	18.68132	0.18773	0.858469	-44.5148	51.5289	-44.5148	51.5289
X 値 1	0.901408	0.282393	3.19203	0.02421	0.175493	1.627324	0.175493	1.627324

図 3.13　Excel アドインでの結果（演習 3.6）

明力があり，強い影響力があることを示しています．場合によって，10% や 1% で判断することもあります．判断しやすくするために，*をつけて，「**：1% 有意」，「*：5% 有意」などと示し，目的変数に対する影響力を表示することもあります．

演習 3.7

Yahoo!ファイナンス（https://finance.yahoo.co.jp/）から上場企業の株価をコピーし,「日経平均株価」と「トヨタ自動車」の株価の関連について調べなさい. 次に,「トヨタ自動車」でなく, 他の企業との株価の関連について調べなさい.
候補１：「串カツ田中」
候補２：「神奈川中央交通」

【データ取得の手順】

- Yahoo!ファイナンス「株価検索」で"日経平均株価"を検索
- 候補が示されるので,「日経平均株価」をクリック
- 「時系列」をクリック
- 適当な 1 年間を選択し,「週間」を選択し,「表示」をクリック
- 表示をドラッグし, Excel に貼り付け（ページを切り替えて, 2 回繰り返す）

同様の手順を「トヨタ自動車」でも繰り返す.

第4回
Google forms によるアンケートの作成

第 4 回では Web 上でアンケートデータの収集をおこなうツールとして Google forms を取り上げ，質問フォームの作成，データの収集の方法について紹介します．

>>> 第 4 回の目標

- Google forms でアンケートの作成ができる．
- 質問内容, 回答法に応じて適切な回答形式を選択できる．

4.1 Google forms とは

Google forms は Google が提供するアンケート形式のデータ収集プラットフォームです．Web 上でアンケートの作成から回答データの収集，また簡単なグラフ表示までおこなうことができます．また，CSV ファイルでの出力も可能なため，データを他の統計ソフトに容易に渡すことができます．

4.2 アンケートの作成から実施まで

ここでは，第 5 回で扱う CS ポートフォリオを題材に，Google forms でのアンケートの作成から実施までの流れを解説します．

4.2.1 新規フォームの作成

Google forms を利用するためには Google アカウントが必要となります．Google アカウントにログイン後，Google アプリのメニューから「ドライブ」を選択すると Google ドライブのページが表示されます．

Google ドライブのページから「+ 新規」をクリックし,「その他」,「Google フォーム」とカーソルを合わせ,「空白のフォーム」を選択します. その際にあらかじめ用意されたテンプレートを使用することもできますが, ここでは「空白」のテンプレートを使用します.

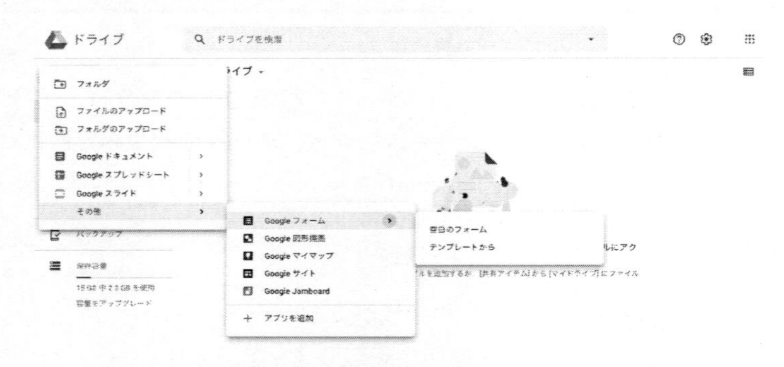

図 4.1　新規フォームの作成

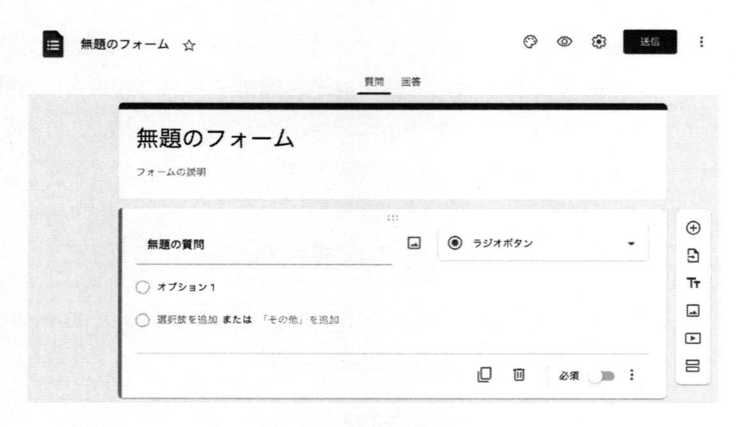

図 4.2　新規フォーム

4.2.2 フォームのタイトルの設定，フォームの説明の入力

フォームの作成画面では，まずフォームのタイトルを設定します.「無題フォーム」と入力されている部分を編集し，アンケート調査の題目を入力します. 次にタイトルの下の行にある「フォームの説明」と表示されている部分には，この調査の概要や注意点などを入力することができます. ここではフォームのタイトルとして「ホテルの満足度調査」，フォームの説明として「当ホテルのサービス改善のために皆様の意見をお聞かせください.」と入力します.

4.2.3 質問項目，回答項目の作成

次に，各質問を作成していきます. まず「無題の質問」と入力してある部分に質問文を入力します. その後，質問文の右にあるプルダウンから回答形式を選択します. 回答形式の種類として以下のような項目が用意されています.

ラジオボタン，チェックボックス，プルダウン，均等目盛，選択式（グリッド），チェックボックス（グリッド），記述式，段落，日付，時刻

各回答形式の詳しい使い方は 4.3 節で解説しますので，適宜参照してください.

ここでは,「均等目盛」を用いてホテルに対する総合的満足度と，各サービスに対する満足度を段階評価で回答してもらう質問をそれぞれ設定しましょう. 質問文として「当ホテルに対する総合的な満足度をお答えください.」と入力し，回答形式として「均等目盛」を選択します.

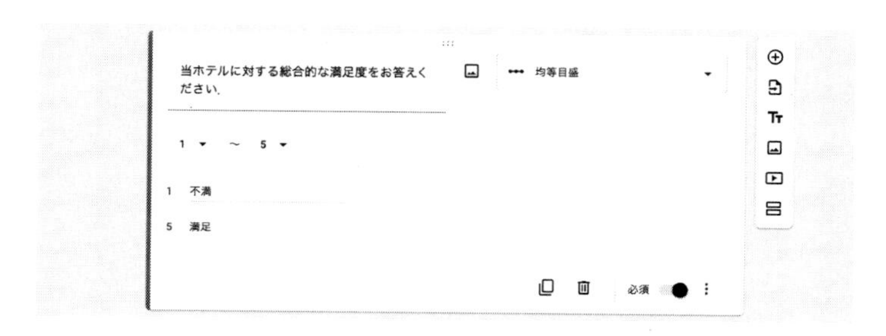

図 4.3 質問の設定（均等目盛）

段階数に応じて目盛の最小値と最大値を設定します．ここでは5段階評価とし，目盛の最小値を1，最大値を5とします．また目盛の両端にラベルが設定できますので，1を「不満」，5を「満足」と設定します．

質問の設定パネルの下側には各回答形式用のオプションが用意されています．「均等目盛」ではこの質問への回答を必須とする「必須」というトグルボタンがある他，「⁝」をクリックすると説明文を追加できる「説明」というオプションが用意されています．ここでは「必須」を有効にします．

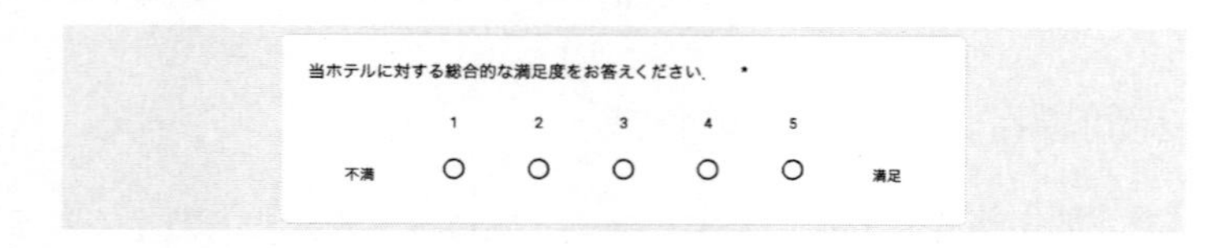

図4.4　質問の設定（均等目盛，設定後）

質問以外にも，説明，画像，動画などのコンテンツが追加できます．新たに質問，説明，画像，動画を追加する場合には，右側に並んでいるアイコンから追加したいコンテンツのアイコンをクリックします．ここでは「次の各サービス項目について，それぞれの満足度を教えてください」というテキストを追加してみましょう．テキストを追加するにはテキスト追加アイコン「$\mathrm{T_T}$」をクリックし，題名にテキストを入力します．

続けて質問を追加してみます．右側に並んでいるアイコンから質問の追加アイコン「⊕」をクリックします．質問文として「スタッフの対応」と入力し，回答形式として「均等目盛」を選択します．一つ目の質問と同じように目盛の最小値と最大値，ラベルを設定し，回答を必須としておきましょう．

「スタッフの対応」以外にも評価対象として「宿泊料金の価格設定」，「部屋の清潔さ」，「料理」，「立地・アクセス」，「ホテルの雰囲気」について同様の質問を用意します．このように質問が同じ形式であれば，質問の設定パネルの下側にある「コピーを作成」アイコンをクリックして質問のコピーを追加し，質問の内容を修正すると効率的です．

これでアンケート作成の本質的な作業は完了しました．回答者からどのように見えるか確認したい場合は，フォームの上部にあるプレビューアイコンをクリックして確認できます．

ホテルの満足度調査

当ホテルのサービス改善のために皆様の意見をお聞かせください.

*必須

当ホテルに対する総合的な満足度をお答えください. *

不満 1 2 3 4 5 満足

次の各サービス項目について，それぞれの満足度を教えてください.

スタッフの対応 *

不満 1 2 3 4 5 満足

ホテルの雰囲気 *

不満 1 2 3 4 5 満足

送信

図 4.5　アンケートフォームのプレビュー

4.2.4　アンケートフォームの送信

アンケートフォームが完成したら，アンケート対象者にアンケートフォームのリンクを知らせる必要があります．Google forms からはメールや SNS を使用してリンクを送信したり，ウェブページにリンクを埋め込んだりすることができます．ここではメールでリンクを送信する方法を解説します．

フォーム作成ページ右上の「送信」をクリックすると「フォームを送信」というパネルが立ち上がります．送信方法としてメールアイコンを選択し，「送信先」にアンケート対象者のメールアドレスを入力します．また，件名，メッセージは編集でき，それぞれメールのタイトル，本文の一部になります．

「メールアドレスを収集する」というチェックボックスにチェックを入れるとアンケート対象者にメールアドレスを入力させることになります．匿名のアンケートの場合はチェックを外す必要があります．また，「フォームをメールに含める」というチェックボックスにチェックを入れると，メール内でフォームへの入力ができるようになります．チェックを入れなければアンケートフォームへのリンクが送信されます．

メールアドレスなどを入力後に右下の「送信」をクリックすることで，作成したアンケートフォームが相手に送られます．どのようなメールが相手に届くのか確認するためにも，まずは自分のメールアドレスを入力しフォームを送信するといいでしょう．

図4.6　フォームの送信パネル

4.2.5 回答の概要表示と CSV ファイルのダウンロード

回答が集まったら，作成したフォームのページの「回答」タブに回答数が表示されます．「回答」タブをクリックすると，各質問の回答結果から作成されたグラフ（概要）を見ることができます．また，「個別」をクリックすると，各回答者の回答を個別に見ることもできます．

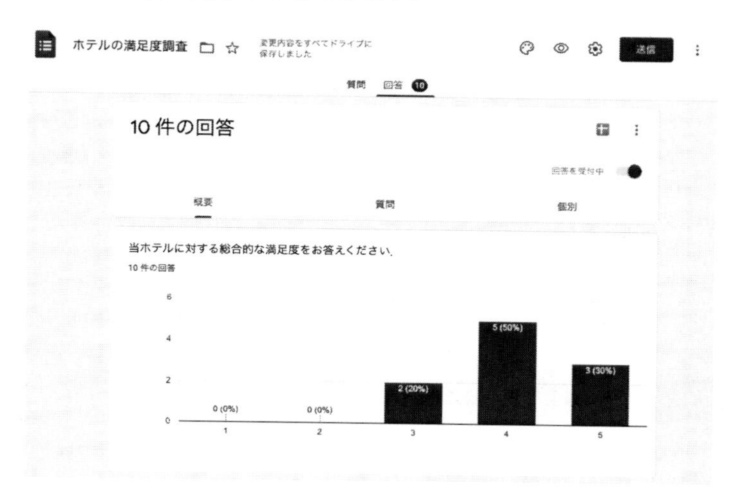

図 4.7 回答の概要

また，回答のデータを Google スプレッドシートとして保存したり，CSV ファイルとしてダウンロードすることも可能です．ここでは，CSV ファイルとしてダウンロードするために，回答タブ下の「⋮」をクリックし，「回答をダウンロード（.csv）」を選択します．Zip ファイルがダウンロードされるので，それを解凍すると CSV ファイルが得られます[*2]．

[*2] ダウンロードした CSV データの文字コードは UTF-8 のため Excel などでそのまま開くと文字化けすることがあります．その場合，データの文字コードを変更するか，文字コードを指定して開く必要があります．Excel の場合は「ファイル」>「インポート」から CSV ファイルをインポートすることで文字コードとして UTF-8 を選択して開くことができます

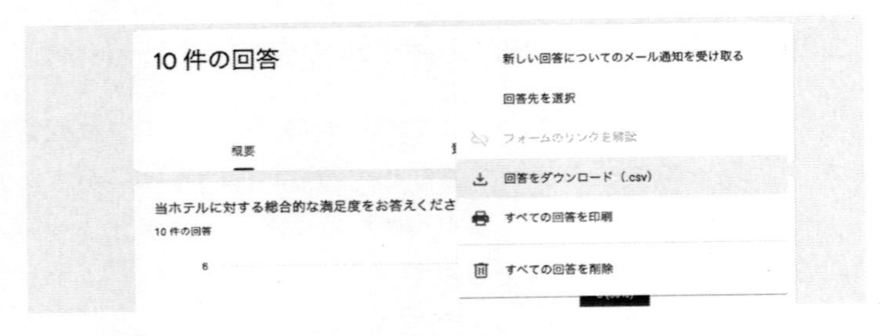

図 4.8　回答データの CSV ダウンロード

	A	B	C	D	E	F	G	H
1	タイムスタンプ	当ホテルに対する総合的な満足度をお答えください.	スタッフの対応	宿泊料金の価格設定	部屋の清潔さ	料理	立地・アクセス	ホテルの雰囲気
2	2021/04/02 1:48:28 午前 GMT+9	4	5	4	2	3	5	2
3	2021/04/02 1:49:10 午前 GMT+9	5	4	5	2	3	5	3
4	2021/04/02 1:49:36 午前 GMT+9	3	4	3	2	2	4	2
5	2021/04/02 1:49:55 午前 GMT+9	4	3	4	2	2	5	3
6	2021/04/02 1:50:19 午前 GMT+9	5	5	5	4	3	5	4
7	2021/04/02 1:50:42 午前 GMT+9	4	5	5	3	2	5	2
8	2021/04/02 1:51:06 午前 GMT+9	4	4	4	3	3	5	3
9	2021/04/02 1:51:26 午前 GMT+9	3	4	3	1	4	4	2
10	2021/04/02 1:51:48 午前 GMT+9	5	4	4	3	4	5	5
11	2021/04/02 1:52:10 午前 GMT+9	4	5	5	5	2	4	3

図 4.9　得られた CSV ファイル（Excel で表示）

演習 4.1

Google forms を使用して，身近なサービスについての顧客満足度調査を行い，複数の回答を収集してください．

4.3　Google forms での回答形式と活用方法

本節では Google forms での回答形式について詳細に解説し，回答法ごとに適した回答形式を紹介します．

4.3.1 回答形式

ラジオボタン 予め用意した複数の選択肢の中から，ただ 1 つの選択肢を選ばせる回答形式です．ラジオボタンでは質問文と複数の選択肢を入力します．選択肢として「その他」を用意したい場合には「「その他」を追加」をクリックすることで，「その他」という選択肢と自由記述欄が合わせて作成されます．

また，オプション項目を開くと「回答に応じてセクションに移動」という項目が選択できます．このオプションをオンにすることで，回答に応じて予め設定した特定のセクションに回答者を誘導することができます．例えば，性別を回答させ，それに続けて男性のみへの質問，女性のみへの質問など，回答に応じて異なる質問を回答させたい場合などに利用します．さらに，オプションには「選択肢の順序をシャッフルする」という項目があります．このオプションをオンにすると，選択肢をランダムに並び替えて表示できます．

図 4.10 ラジオボタンの例

チェックボックス 予め用意した複数の選択肢の中から，当てはまるものを複数選択してもらう回答形式です．チェックボックスでは質問文と複数の選択肢を入力します．選択肢として「その他」を用意したい場合には「「その他」を追加」をクリックすることで，「その他」という選択肢と自由記述欄が合わせて作成されます．

また，オプション項目（図 4.13 の右下）を開くと「回答の検証」というオプションが選択できます．このオプションをオンにすると，選択する個数を指定または制限することができます．「選択する最低個数」「選

図 4.11　ラジオボタンの設定画面

択する最多個数」「選択する個数」から選び，数値を入力することで個数を指定します．例えば「選択する最低個数」を 3 と設定しておけば，選択した個数が 3 に満たない回答者にエラーメッセージを提示することができます．さらに，ラジオボタンと同様にオプションには「選択肢の順序をシャッフルする」という項目があります．このオプションをオンにすると，選択肢をランダムに並び替えて表示されます．

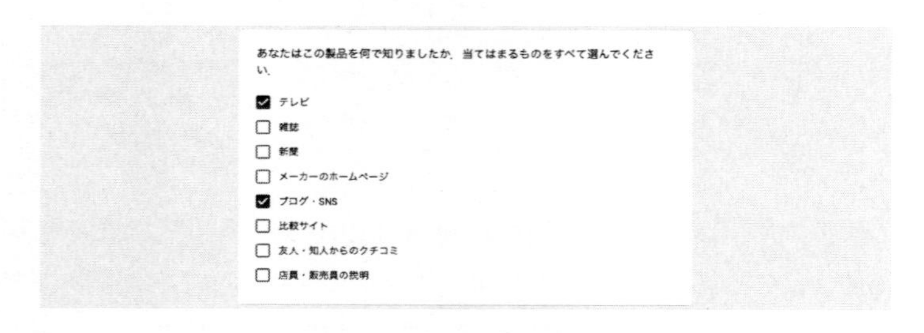

図 4.12　チェックボックスの例

プルダウン 予め用意した複数の選択肢の中から，ただ 1 つの選択肢を選ばせる回答形式です．ラジオボタンと用途は同じですが，選択肢をプルダウンメニューから選ばせます．ラジオボタンでは選択肢をすべて並べて表

図 4.13　チェックボックスの設定画面

示する必要があるのに対し，プルダウンではプルダウンメニュー内に収めておき，回答する際にプルダウンメニューを開いて選択させます．また，オプション項目にある「回答に応じてセクションに移動」「選択肢の順序をシャッフルする」はラジオボタンの場合と同様です．ただ，ラジオボタンとは異なり，選択肢として「その他」と自由記述欄を合わせて用意することはできません．

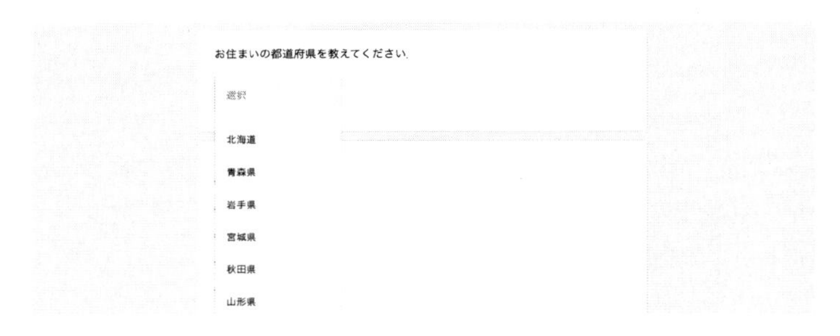

図 4.14　プルダウンの例

均等目盛 度合いを段階で評価する質問で用います．目盛の最小値として 0 か 1 を設定し，最大値として 2〜10 の整数値が設定できます．目盛の最小値と最大値にはラベルを設定することができます．例えば，あるサービスの満足度を 5 段階評価で回答してもらう質問の場合，最小値を 1，最大値を 5 に設定し，最小値のラベルを「不満」，最大値のラベルを「満足」に設定します．

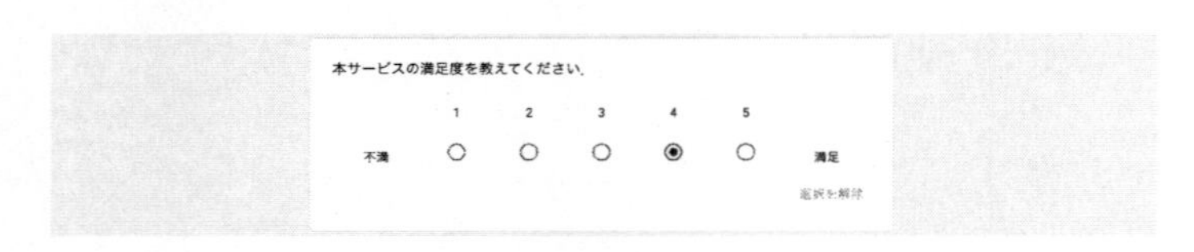

図 4.15　均等目盛の例

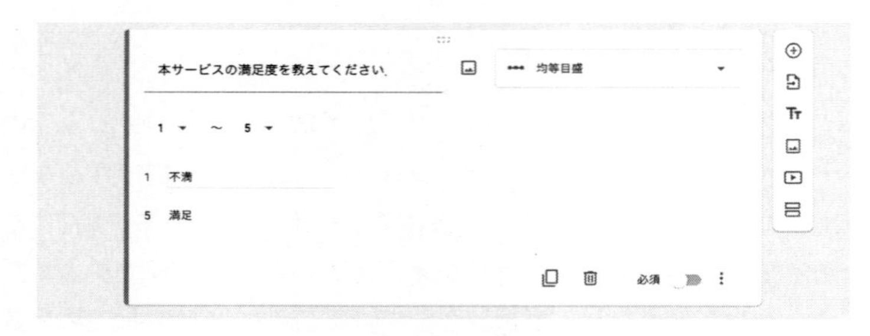

図 4.16　均等目盛の設定画面

選択式（グリッド） 複数の評価項目について，いくつかの段階や複数の選択肢から一つを選択させる質問形式です．選択肢（グリッド）では，質問と，「行」に評価項目を，「列」に選択肢を入力し，表のようにグリッドの形式で配置します．つまり，すべての評価項目に対して共通の選択肢の場合に有用な質問形式となります．

また，オプション項目（図 4.18 の右下）を開くと「1 列につき 1 つの回答に制限」「行を並べ替える」というオプションが選択できます．「1 列につき 1 つの回答に制限」というオプションをオンにすると，ある評価項目で選択した選択肢は別の評価項目では選択させないように制限します．「行を並べ替える」では，回答者ごとに行の評価項目をランダムに並び替えて表示されます．

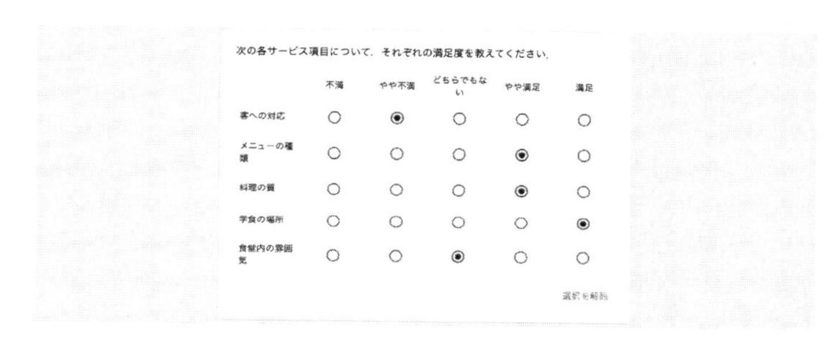

図 4.17　選択式（グリッド）の例

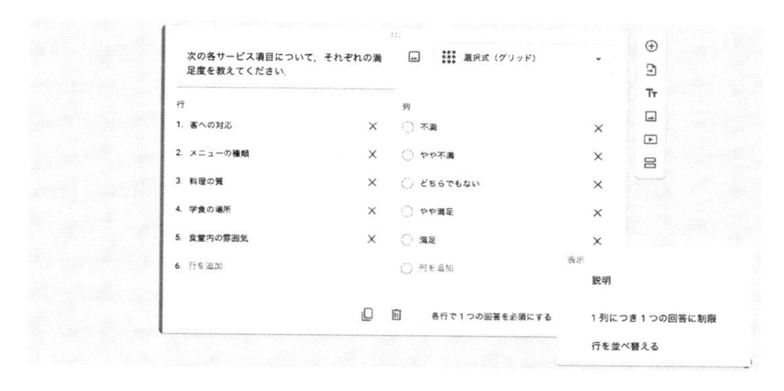

図 4.18　選択式（グリッド）の設定画面

チェックボックス（グリッド）　複数の評価項目について，いくつかの段階や複数の選択肢から複数選択可とした質問形式です．選択式（グリッド）と同じく，質問と，「行」に評価項目を，「列」に選択肢を入力し，表のようにグリッドの形式で配置します．オプション項目の「1 列につき 1 つの回答に制限」「行を並べ替える」は選択式（グリッド）と同様です．

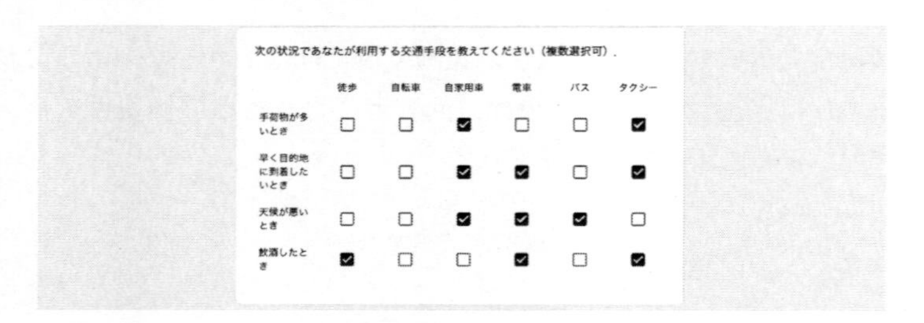

図 4.19　チェックボックス（グリッド）の例

図 4.20　チェックボックス（グリッド）の設定画面

記述式 短答形式で記述式回答させる質問形式です．数値やメールアドレスなどを入力させる場合も記述式を用います．オプション項目にある「回答の検証」では，入力された回答に対して「数値」「テキスト」「長さ」「正規表現」について条件を課すことができ，条件を満たしていない場合は回答者にエラーメッセージを提示できます．「数値」では値の上限，下限を設定可能で，また整数であるか，そもそも数字であるかを判定できます．「テキスト」では入力された回答が特定の文字列を含むか含まないか，メールアドレスであるか URL であるかを判定します．長さでは最大文字数，または最小文字数を条件として設定できます．「正規表現」では入力された回答が特定のパターンを含むか含まないか，一致するか否かを判定することが可能です.

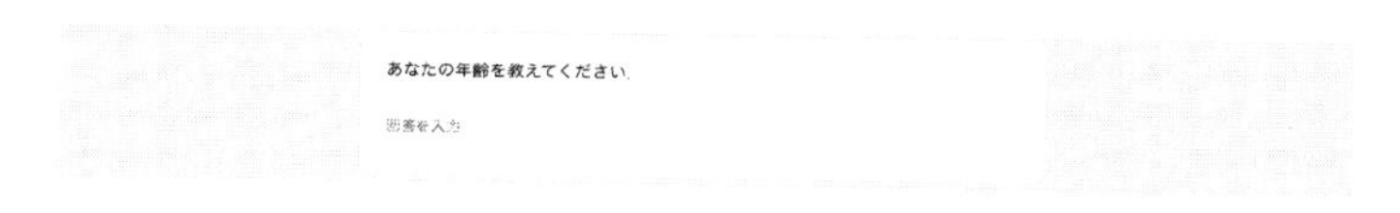

図 4.21　記述式の例

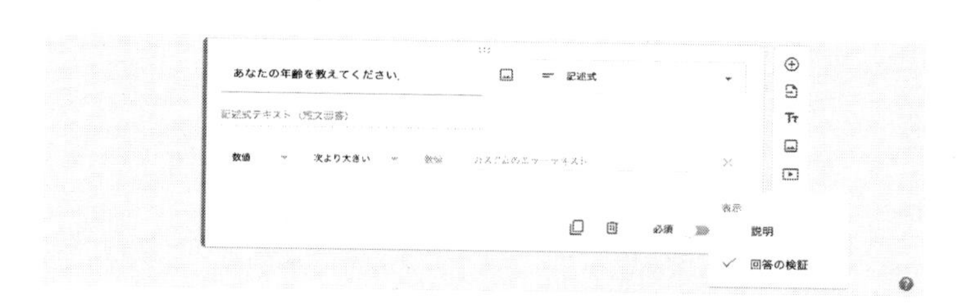

図 4.22　記述式の設定画面

段落 論述形式で記述式回答させる質問形式です. 複数行にわたる長文での回答を求める場合に使用します. オプション項目にある「回答の検証」では, 入力された回答に対して「長さ」「正規表現」について条件を課すことができ, 条件を満たしていない場合は回答者にエラーメッセージを提示できます. 各設定内容は記述式の場合と同様です.

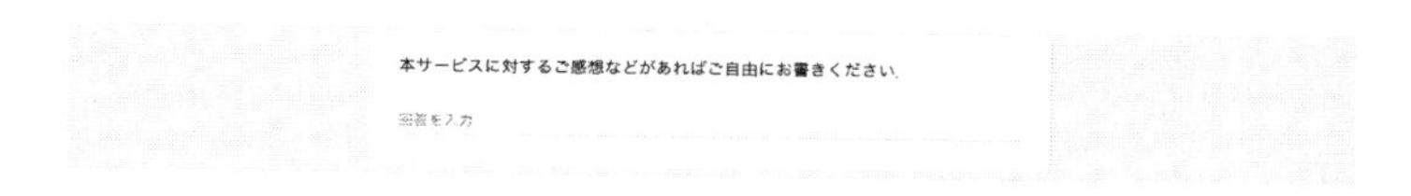

図 4.23　段落の例

日付 日付を回答させる質問形式です. 回答者はテキストで入力できるほか, カレンダーから日付を選択することもできます. またオプション項目では, 年を含めるか, 時刻を含めるかを設定することが可能です.

時刻 時刻, 時間について回答させる質問形式です. オプション項目では回答形式として「時刻」または「経過時間」を選択することができます.

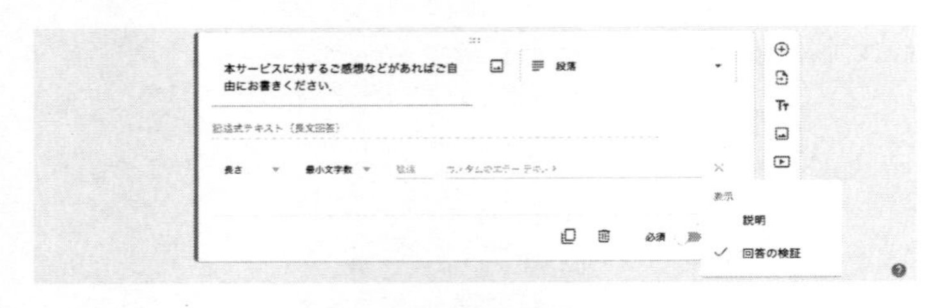

図 4.24　段落の設定画面

図 4.25　日付の例

図 4.26　日付の設定画面

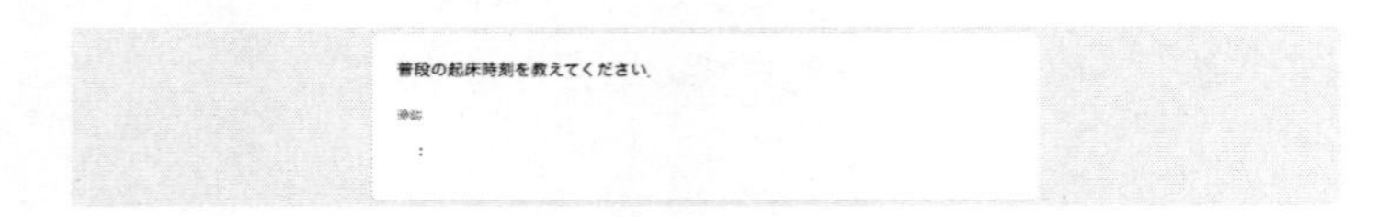

図 4.27　時刻の例

4.3.2　回答法と Google forms での回答形式の選択

SA 回答法（二項選択法）　選択肢から一つ選んでもらう SA 回答法に適した回答形式には「ラジオボタン」「プルダウン」「選択式（グリッド）」が用意されています．特に，「はい」と「いいえ」など二つの選択肢の中から選んでもらう二項選択法では「プルダウン」よりも「ラジオボタン」

図 4.28　時刻の設定画面

「選択式（グリッド）」が適しています．「プルダウン」ではプルダウンメニューを開き選択肢を選択するという 2 アクション必要ですが，「ラジオボタン」や「選択式（グリッド）」では 1 アクションで済み，かつ，選択肢を俯瞰できるというメリットがあります．選択肢が共通の評価項目が複数ある場合には「選択式（グリッド）」，評価項目が一つである場合には「ラジオボタン」と使い分けるとよいでしょう．

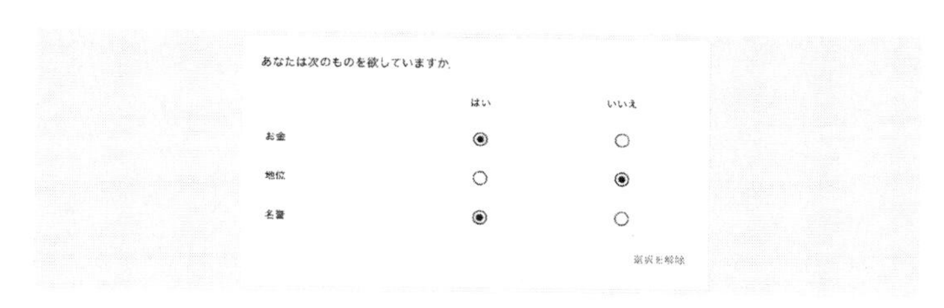

図 4.29　「選択式（グリッド）」を用いた SA 回答法（二項選択法）

SA 回答法（多項選択法）　二項選択法と同じように「ラジオボタン」「プルダウン」「選択式（グリッド）」が回答形式の候補として考えられます．選択肢の数がそれほど多くない場合には，選択肢を俯瞰できる「ラジオボタン」や「選択式（グリッド）」を利用します．選択肢の数が多い場合は「プルダウン」を用いるほうが見やすくなります．また，選択肢の並び順が回答に影響を与えるとされる順序効果を考慮するのであれば，「ラジオボタン」「プルダウン」に用意されている「選択肢の順序をシャッフルする」というオプションをオンにすることで，回答者ごとに選択肢をランダムに並び替えて提示することができます．

MA 回答法（無制限法）　あてはまるものを複数選んでもらう MA 回答法には「チェックボックス」「チェックボックス（グリッド）」が適しています．無制限法の場合にはいくらでも選択可能なため，オプションによって選択できる選択肢数を制限する必要はありません．質問によっては「その他」と自由記述欄のセットを選択肢として設けるか，「どれもあてはまらない」という選択肢を含める必要があります．また，SA 回答法と同様に順序効果を考慮するのであれば，「チェックボックス」のオプション「選択肢の順序をシャッフルする」を利用することができます．他にも MA 回答法を避け，二項選択法にすることでも順序効果の影響を減らすことが可能です．例えば，「あなたが欲しいものを次の中からいくつでも選んでください．お金，地位，名誉...」としてあてはまるものをすべて選ばせる MA 回答法ではなく，「選択式（グリッド）」を使い，「あなたは次のものを欲していますか」という質問に対して評価項目を「お金」「地位」などとし，選択肢を「はい」「いいえ」とする二項選択法にするとよいでしょう．

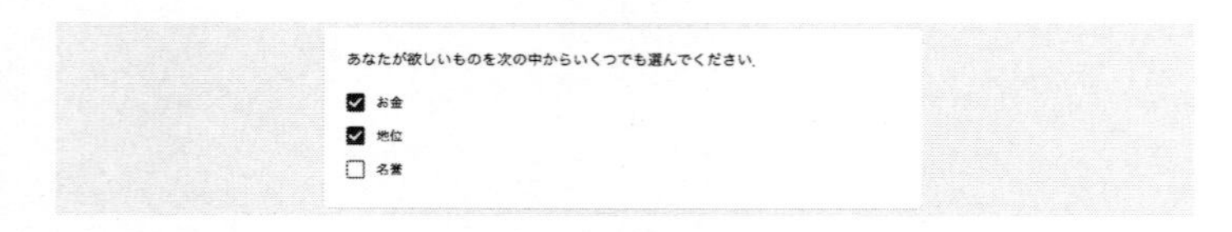

図 4.30　「チェックボックス」を用いた MA 回答法（無制限法）

MA 回答法（制限法）　MA 回答法の中でも選択できる選択肢数を制限する制限法は紙のアンケートでは間違いが生じやすい回答法です．例えば，3 つまで選んでくださいという指示に対して 4 つ選択している場合など，回答を無効とせざるを得ないケースがあります．しかし，Google forms では「チェックボックス」のオプションにより間違いの生じない制限法を実現できます．「チェックボックス」のオプションでは「選択する最低個数」「選択する最多個数」「選択する個数」を設定でき，それを満たしていない回答に対してエラーメッセージを返すことができます．

順位回答法 選択肢に順位をつけてもらう順位回答法を Google forms で実現する方法はいくつかあります．最も単純なのは，「記述式」で順位を数値で入れてもらうものです．ただ，この方法だと回答者のミスによる順位の重複などを避けることができません．これに対して，行に選択肢を，列に順位を入れた「選択式（グリッド）」を用いた方法では，そのオプションである「1 列につき 1 つの回答に制限」を用いることで順位の重複を避けることができます．また，順位をつける選択肢が少ない場合には，順位の組み合わせを選択肢とした SA 回答法（多項選択法）として「ラジオボタン」で実現してもよいでしょう．

また，順序効果を考慮に入れるのであれば，「選択式 (グリッド)」を用いた方法では「行を並べ替える」というオプションをオンにすることで，回答者ごとに選択肢を並び替えて表示されます．また，「ラジオボタン」を用いた方法でも「選択肢の順序をシャッフルする」というオプションを利用することで，回答者ごとに選択肢を並び替えて表示できます．

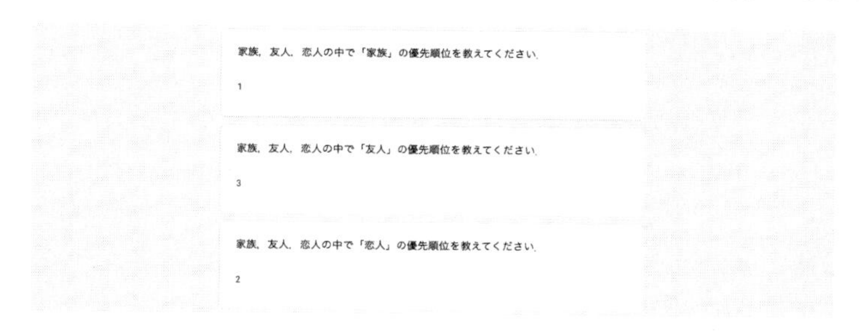

図 4.31 「記述式」を用いた順位回答法

自由回答法（テキスト回答） 自由回答法，特にテキストとしての回答では，名前など単語で答えさせるような短文の場合には「記述式」，意見や感想などのように長文の場合には「段落」を用います．1 行に収まるか，複数行に渡るかを基準に使い分けるとよいでしょう．

自由回答法（数値回答） 数値を回答してもらう場合には，「記述式」を用います．さらにオプションの「回答の検証」で数値を選択し条件を入れると，

図 4.32　「選択式（グリッド）」を用いた順位回答法

図 4.33　「ラジオボタン」を用いた順位回答法

数値でない回答や条件を満たさない数値の回答の際にエラーメッセージを提示してくれます.

段階評価 4.2 節で扱った質問のように, 予め段階に分けて程度の違いを回答してもらう段階評価では,「均等目盛」が適しています. この他にも「ラジオボタン」,「選択式（グリッド）」を用いることもできますが, 記録される回答データの形式が異なることに注意が必要です.「均等目盛」では回答された段階が数値で記録されるのに対して,「ラジオボタン」,「選択式（グリッド）」では, 回答した選択肢（「満足」,「やや満足」など）がそのままテキストとして記録されます. 収集した回答データの分析において数量データ, カテゴリーデータのどちらで扱うかによって使い分けるとよいでしょう．

	A	B	C	D	E
1	タイムスタンプ	当ホテルに対する総合的な満足度をお答えください． [総合的な満足度]	次の各サービス項目について，それぞれの満足度を教えてください． [スタッフの対応]	次の各サービス項目について，それぞれの満足度を教えてください． [宿泊料金の価格設定]	次の各サービス項目について，それぞれの満足度を教えてください． [部屋の清潔さ]
2	2021/04/04 10:53:20 午前 GMT+9	やや満足	満足	やや満足	やや不満
3	2021/04/04 10:53:47 午前 GMT+9	満足	やや満足	満足	やや不満
4	2021/04/04 10:54:16 午前 GMT+9	どちらでもない	やや満足	どちらでもない	やや不満
5	2021/04/04 10:55:01 午前 GMT+9	やや満足	どちらでもない	やや満足	やや不満
6	2021/04/04 10:55:20 午前 GMT+9	満足	満足	満足	やや満足
7	2021/04/04 10:55:43 午前 GMT+9	やや満足	満足	満足	どちらでもない
8	2021/04/04 10:56:04 午前 GMT+9	やや満足	やや満足	やや満足	どちらでもない
9	2021/04/04 10:56:25 午前 GMT+9	どちらでもない	やや満足	どちらでもない	不満
10	2021/04/04 10:56:43 午前 GMT+9	満足	やや満足	やや満足	どちらでもない
11	2021/04/04 10:57:05 午前 GMT+9	やや満足	満足	満足	満足

図 4.34 「選択式（グリッド）」を用いた段階評価で得られるデータ形式（図 4.9 と異なることに注意）

一対比較法 複数の対象に順位をつけるために対象を一対ずつ比較させる一対比較法では，「ラジオボタン」で二つの選択肢を用意することで実現できます．また，「均等目盛」でも段階数を 2 にして両端のラベルに 2 つの選択肢を設定することで同様のことが実施可能です．しかし，得られる回答形式が異なることに注意が必要です．「ラジオボタン」では選ばれた選択肢がテキストに記録されるのに対して，「均等目盛」では左の選択肢を選んだか，右の選択肢を選んだかが数値（1 または 2）として記録されます．「選択式（グリッド）」では，評価項目間で選択肢を共通にする必要があるため，評価項目に選択肢の対を表示し，「左」「右」を選択肢として用意することで実現できます．

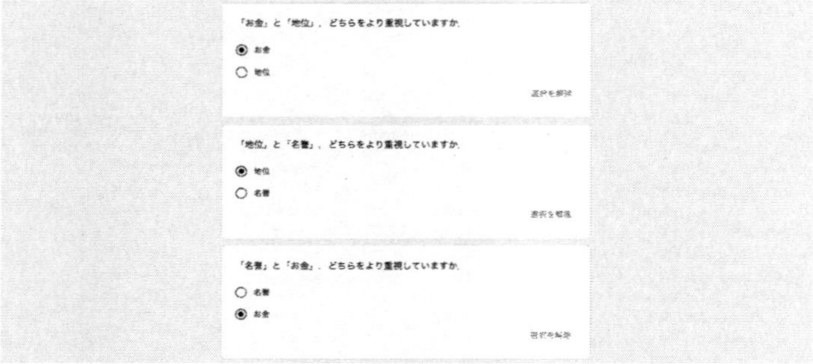

図 4.35　「ラジオボタン」を用いた一対比較法

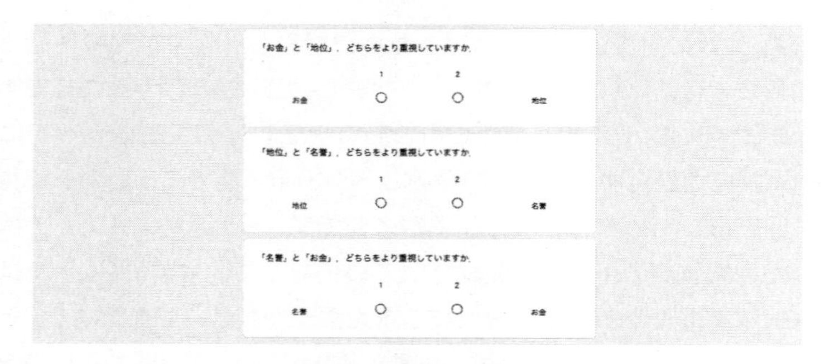

図 4.36　「均等目盛」を用いた一対比較法

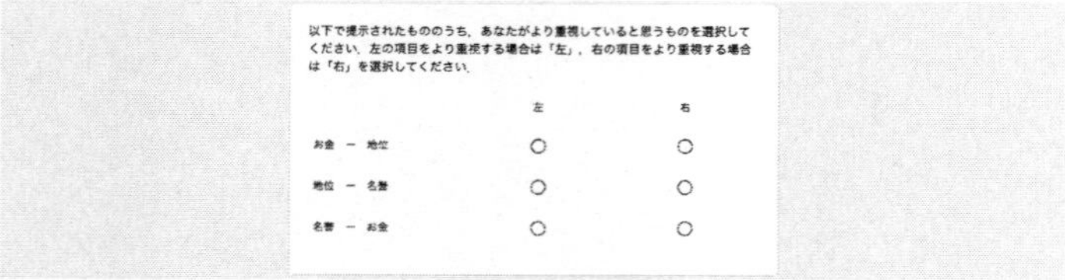

図 4.37　「選択式（グリッド）」を用いた一対比較法

演習 4.2

演習 4.1 で作成したアンケートと同じ内容のアンケートを「選択式（グリッド）」の質問形式を用いて作成し，複数の回答を収集してください．得られた回答データの形式が演習 4.1 の場合と異なることを確認してください．

演習 4.3

図 4.38 のように紙のアンケートがあります．このアンケートを Web 上で実施できるように Google forms でアンケートを作成してください．その際，適切な質問形式を選択するよう注意しましょう．

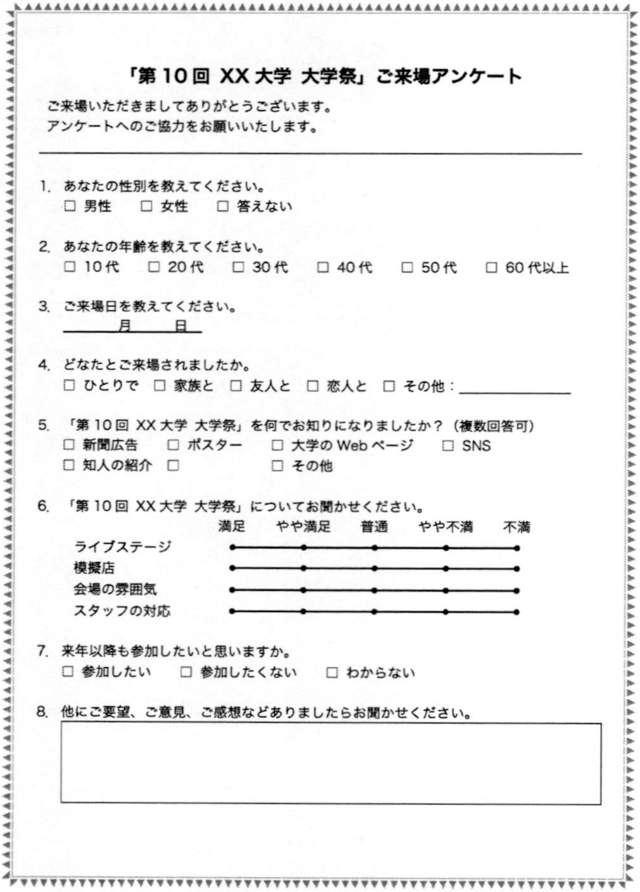

「第10回 XX大学 大学祭」ご来場アンケート

ご来場いただきましてありがとうございます。
アンケートへのご協力をお願いいいたします。

---

1. あなたの性別を教えてください。
□ 男性　□ 女性　□ 答えない

2. あなたの年齢を教えてください。
□ 10代　□ 20代　□ 30代　□ 40代　□ 50代　□ 60代以上

3. ご来場日を教えてください。
　　月　　日

4. どなたとご来場されましたか。
□ ひとりで　□ 家族と　□ 友人と　□ 恋人と　□ その他：＿＿＿＿

5. 「第10回 XX大学 大学祭」を何でお知りになりましたか？（複数回答可）
□ 新聞広告　□ ポスター　□ 大学のWebページ　□ SNS
□ 知人の紹介　□　□ その他

6. 「第10回 XX大学 大学祭」についてお聞かせください。

	満足	やや満足	普通	やや不満	不満
ライブステージ	●	●	●	●	●
模擬店	●	●	●	●	●
会場の雰囲気	●	●	●	●	●
スタッフの対応	●	●	●	●	●

7. 来年以降も参加したいと思いますか。
□ 参加したい　□ 参加したくない　□ わからない

8. 他にご要望、ご意見、ご感想などありましたらお聞かせください。

図4.38　紙のアンケート

第5回

CSポートフォリオ

>>> 第5回の目標

- CSポートフォリオ分析の意味を理解できる.
- CSポートフォリオを描き，製品やサービスの改善点について考察できる.

5.1 CSポートフォリオとは

顧客満足度の高い製品やサービスを提供するために顧客や消費者に向けてのアンケートが実施されます．その際，製品やサービスのどのような点を顧客が重視しているのか，どの点を改善すれば顧客満足度を上げられるのかを知ることが重要です．そのために用いられるのがCS（Customer Satisfaction）ポートフォリオという手法です.

CSポートフォリオでは，顧客満足度調査をもとに製品やサービスの各要素を満足度と重要度で張られた平面内にプロットします．図5.1では横軸に重要度，縦軸に満足度をとり，それらの高低により4つの領域に分けています．重要度が高く，かつ満足度も高い右上の領域Iは重点維持領域と呼ばれます．この領域にプロットされた要素は顧客の満足度を下げないように重点的に現状維持すべき要素となります．重要度は高いが満足度の低い右下に位置する領域IIは重点改善領域と呼ばれ，早急に改善の必要な領域となります．また重要度は低いが満足度の高い左上の領域IIIは過剰提供領域と呼ばれ，ここにプロットされる要素は現状維持，またはリソースが限られている場合にはリソースの削減が図られます．重要度も満足度も低い左下の領域IVは低優先度領域と呼ばれ，改善の優先度が低い領域となります．このように製品やサービスの各要素の満足度と重要度が分かれば，どの要素から改善すべきかを把握することがで

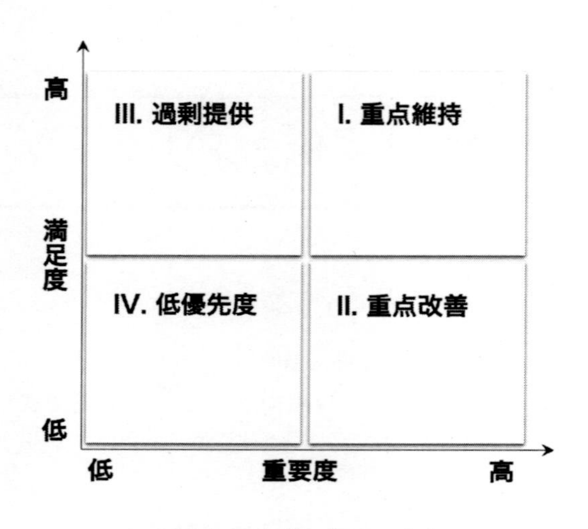

図5.1　CSポートフォリオ

きます.

5.2　CSポートフォリオにおける満足度と重要度

CSポートフォリオを作成するためには製品やサービスの各要素の満足度と重要度を知る必要があります．それらを知るためにはどのようなデータを得る必要があるかを見ていきましょう.

■ 満足度

CSポートフォリオにおいて，各要素の満足度を測るために使用するデータは段階評価のデータとなります．例えば，各要素について「満足 - やや満足 - どちらでもない - やや不満 - 不満」の5段階評価で回答してもらうことを考えましょう．この5段階評価で得られるデータをカテゴリーデータとして扱うのであれば，「満足」「やや満足」と回答した比率（2top比率）を満足度とします．また，数量データとして扱うのであれば，「満足」を5点，「やや満足」を4点，「どちらでもない」を3点，「やや不満」を2点，「不満」を1点のように点数化し，その点数の平均値を満足度として採用します.

■ 重要度

各要素の重要度の測定には，重要度を回答者に質問する**直接的測定法**と総合的な満足度との相関を利用する**間接的測定法**があります．

直接的測定法では，満足度の測定と同様に，各要素をどの程度重要視しているか段階評価で回答してもらい，その点数の平均値を求めることで重要度を把握します．

間接的測定法では，製品やサービスに対する総合的な満足度を各要素の満足度の測定と同様に段階評価で質問します．この総合的満足度と各要素の満足度の相関係数をそれぞれ計算し，その相関係数を各要素の重要度として採用します．相関係数の値が大きい要素は総合的評価との関連性が強く，総合的満足度を高めるのに重要な要素であると考えるわけです．また，各要素満足度間の相関が高ければ，偏相関係数が用いられることもあります．他にも総合満足度を従属変数，各要素の満足度を独立変数として重回帰分析をおこない，そこから得られる偏回帰係数や標準化回帰係数を重要度とする場合もあります．

直接的測定法では，要素すべてに対して重要度と満足度の両方を評価する質問が必要なため，回答者の負担が大きくなります．したがって多くの場合，重要度の測定には間接的測定法が用いられます．

5.3　CS ポートフォリオによる分析

第 4 回でおこなったホテルの顧客満足度調査を例に CS ポートフォリオによる分析を説明していきます．ここでは 5 段階評価を数量データとして扱い，各要素の満足度は点数化した評価の平均値，重要度は総合的満足度との相関係数を採用します．

演習 4.1 によって表 5.1 のようなデータが得られたとしましょう．このデータは サポートページ より data05.xlsx をダウンロードすることで得られます．第 1 列は回答者を表し，第 2 列以降は各回答者が答えたホテルに対する総合満足度と各要素の満足度を表しています．①〜⑥はそれぞれ「①スタッフの対応」，「②宿泊料金の価格設定」，「③部屋の清潔さ」，「④料理」，「⑤立地・アクセス」，「⑥ホテルの雰囲気」の満足度です．

表 5.1　顧客満足度調査で得られたデータ

回答者	総合満足度	①	②	③	④	⑤	⑥
A	4	5	4	2	3	5	2
B	5	4	5	2	3	5	3
C	3	4	3	2	2	4	2
D	4	3	4	2	2	5	3
E	5	5	5	4	3	5	4
F	4	5	5	3	2	5	2
G	4	4	4	3	3	5	3
H	3	4	3	1	4	4	2
I	5	4	4	3	4	5	5
J	4	5	5	5	2	4	3

各要素の満足度の計算では回答データを平均します．また重要度の計算では総合満足度との相関係数を求めます．表 5.2 はそれらの結果を表しています．これで各要素の満足度と重要度が求まりました．

表 5.2　各要素の満足度と重要度．

	①	②	③	④	⑤	⑥	平均
満足度（平均値）	4.3	4.2	2.7	2.8	4.7	2.9	3.6
重要度（相関係数）	0.156	0.725	0.429	0.229	0.717	0.772	0.505

次に各要素を満足度と重要度で張られた平面内にプロットします（図 5.2）．また，領域を 4 つに分けるために満足度，重要度ともに高低を 2 分することを考えましょう．多くの場合，満足度，重要度ともに高低を 2 分する境界線はそれらの平均値に引かれます．ここでは表 5.2 で求めた満足度，重要度の平均値を求めておきます．図 5.2 の 2 つの破線はそれぞれ満足度，重要度の平均値を表す境界線となっています．これらの境界線により 4 つの領域に分けることが

できます．

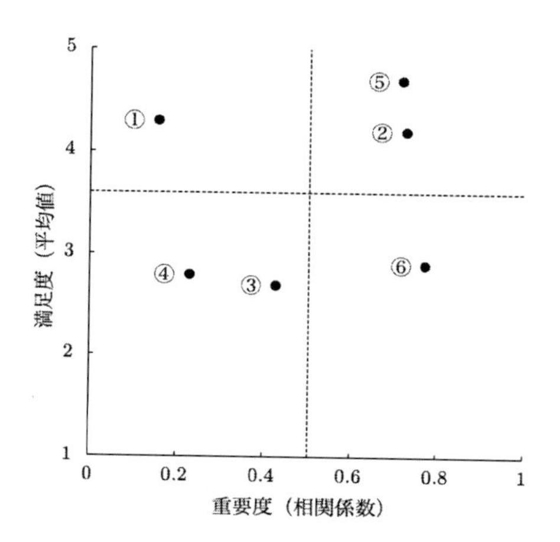

図 5.2　ホテルの CS ポートフォリオ

図 5.2 を見ると，重点維持領域（領域 I）には②宿泊料金の価格設定，⑤立地・アクセスがプロットされています．このことから価格を改定することや移転やアクセスの改善は必要なく現状を維持することが必要であることがわかります．重点改善領域（領域 II）には⑥ホテルの雰囲気がプロットされています．この領域内の要素は顧客が重要視しているにもかかわらず顧客満足度が低いため，最も優先して改善する必要があります．照明や装飾の変更や音楽を流すなど雰囲気を改善するための施策が必要となります．過剰提供領域（領域 III）では，①スタッフの対応が該当します．人的資源が十分であれば現状維持で問題ありませんが，資源が十分でなければ一部をセルフサービスにすることで他に資源をまわすなどの施策も考えられます．低優先度領域（領域 IV）には，③部屋の清潔さ，④料理がプロットされています．これらの要素は満足度が低いのですが，重要度も高くないために改善の優先度としては低く，他を優先すべきことがわかります．

このように，CS ポートフォリオを用いた分析を用いることで，製品やサービスの顧客満足度を上げるためにはどの点を改善すればよいのかを把握することができます.

演習 5.1

演習 4.1 で行った身近なサービスについての顧客満足度調査のデータを用いて，CS ポートフォリオ分析をおこない，そのサービスについてどの点から改善すべきか考察してください.

第6回
Rの基礎

第6回以降はフリーソフトである統計ソフトウェアRを用いて統計分析を進めていきます.

>>> 第6回の目標

- Rをインストールし，利用環境を整える.
- Rの基本操作に慣れる.

6.1 RとR Studioのインストール

RはCRAN(Comprehensive R Archive Network)のサイトからダウンロードします.「https://cran.r-project.org」を開き，自身のOSをLinux/MacOS X/Windowsから選び，例えばwindowsの場合は「Download R for Windows」をクリックし,「base」を選択して,「Download R 4.0.2 for Windows」より, R-4.0.2-win.exeファイルをダウンロードします.

ダウンロードしたファイルをダブルクリックし，設定に関するウインドウをデフォルトのままNextボタンを押していくとインストールが完了します.

Rを使う際には，RStudioと呼ばれるRの統合開発環境(IDE)を使うことを推奨します. Rstudioの公式サイト(https://rstudio.com/products/rstudio/download/)を下にスクロールし，All Installersの中から自身のOSにあったバージョンのインストーラをダウンロードします. Rと同様に，ダウンロードしたファイルをダブルクリックし，設定に関するウインドウをデフォルトのままNextボタンを押していくとインストールが完了します.

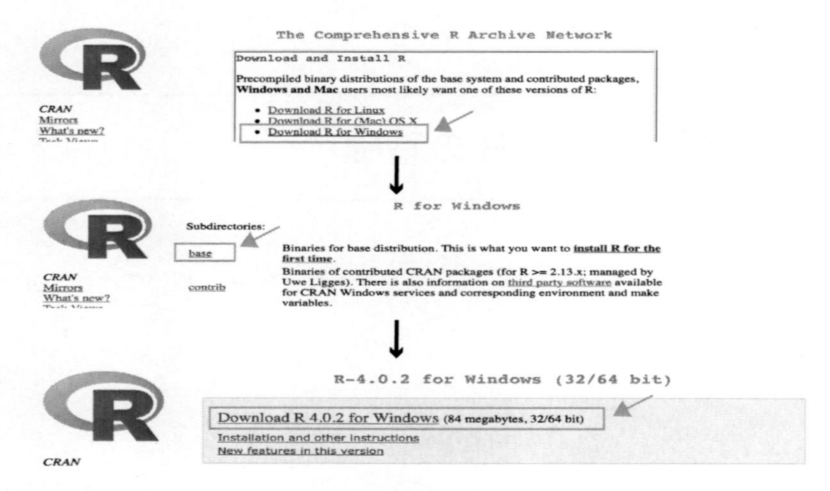

図 6.1　R のダウンロード

All Installers

Linux users may need to import RStudio's public code-signing key prior to installation, depending on the operating system's security policy.

RStudio requires a 64-bit operating system. If you are on a 32 bit system, you can use an older version of RStudio.

OS	Download	Size	SHA-256
Windows 10/8/7	RStudio-1.3.1056.exe	171.62 MB	a8f1fee5
macOS 10.13+	RStudio-1.3.1056.dmg	148.64 MB	f343c77d

図 6.2　Rstudio のダウンロード

6.2　R の基本操作

Rstudio にはプロジェクトという機能があります．この機能を使うとファイルやデータの管理が容易になります．まずはプロジェクトを作成しましょう．

R と Rstudio のインストールが完了したら，Rstudio を起動し，メニューバーの File から New Project... を選択します．New Directory → New Project と選び，プロジェクトの名前を決めたあと，保存先のフォルダを Browse から選択します（プロジェクト名は半角の英数字で入力することを推奨します）．最後に，Create Project を選択するとプロジェクトが作成されます．図 6.3 では，「test」というプロジェクト名でデスクトップにフォルダを作成しています．

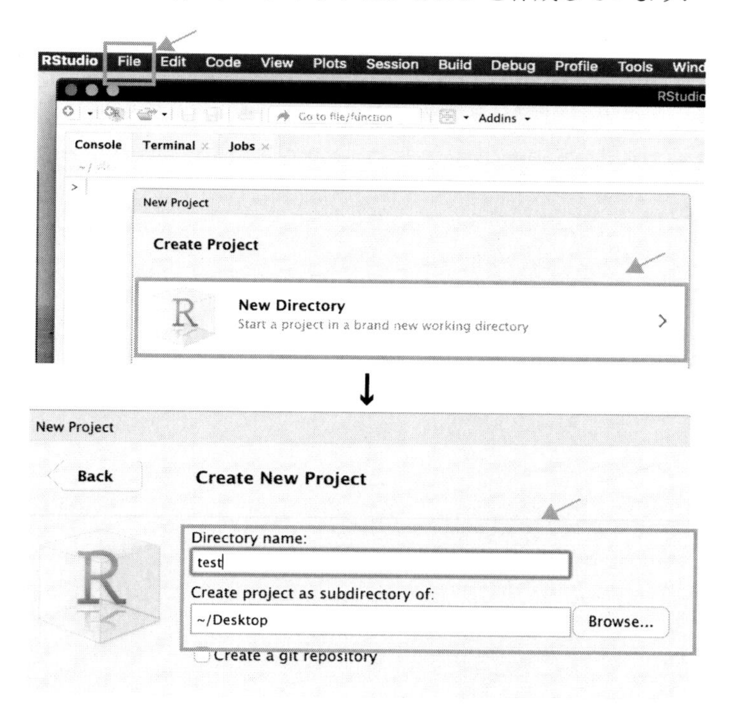

図 6.3　Rstudio の画面

次に，R のコードを入力・編集するために **R スクリプト**を表示しましょう（以降は**スクリプト**と呼びます）．左上の赤丸に白字で＋のマークをクリックし，「R Script」を選択します（または，メニューバーの File → New File → R Script からも選択できます）．すると，図 6.4 のように，4 つのウィンドウに分割された画面が表示されます．左上（Source, ①の部分）は R のコードを入力，編集する画面です．ここに，統計分析や作図に必要な命令を書きます．左下（Console, ②の部分）は Source で入力したコードの実行結果が表示されます．また，この部分に R の命令を直接入力し，Enter キーを押せば，命令を実行することもできますが，入力した命令を編集しにくいため，基本的に命令は Source の部分にまとめて記述します．右上（Environment, ③の部分）は分析に用いるデータや変数の概要を表示する画面です．右下（Files, ④の部分）は現在の作業ディレクトリに含まれるファイルが表示されます．また，Files の右の Plots には，R で作成した図が表示される画面です．

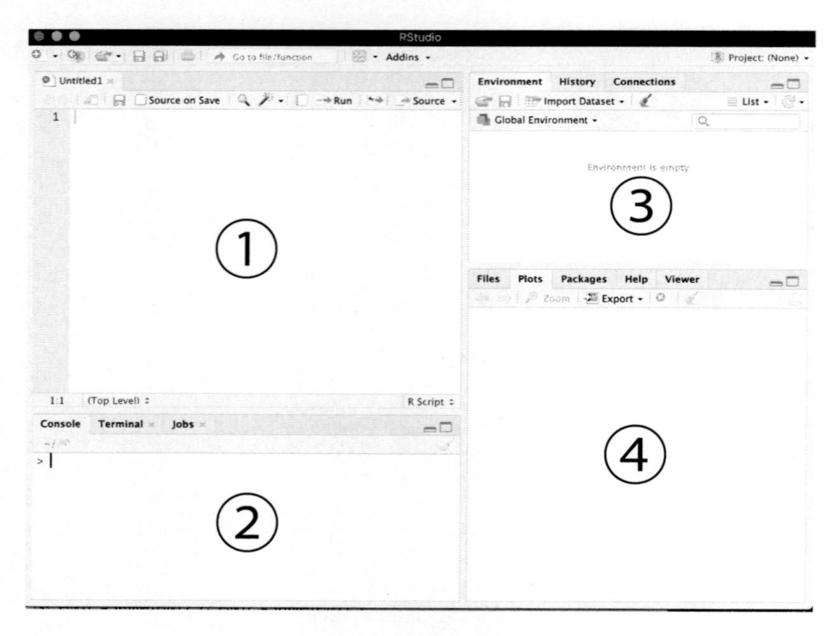

図 6.4　Rstudio の画面

次に，①のウィンドウにスクリプトを書いてみましょう．次のように入力してください．

```
1+2
6-3
2*4
8/2
```

その後，1 行目の 1+2 にカーソルを合わせた状態で（1 行目をクリックする），①のウィンドウの上にある「Run」を押してください．すると，②のコンソールに 1+2 の計算結果 3 が出力されます．

ソースコード 6.1 R の実行例

```
> 1+2
[1] 3
```

ここで，コマンドで使用する数字，演算記号，スペースなどは**必ず半角で入力**してください．同様に，2 行目の 6-3 から 4 行目の 8/2 までを実行し，正しく計算されるか確認してください．

ファイルの保存

作成したスクリプトは，File → Save as より，作成したプロジェクトのフォルダにファイル名をつけて保存します．次回，このスクリプトで作業を再開するときは，プロジェクトの作成時に指定したフォルダ（図 6.3 ではデスクトップとしました）から「プロジェクト名.Rproj」というファイルを開きます．

演習 6.1

Source ウィンドウに次の式を入力して，スクリプトを実行してください．

- 2^3
- log(3)
- sqrt(2)
- exp(2)

R では，変数を扱うこともできます．次のように，コマンドを入力してください．

ソースコード 6.2　変数への代入

```
a <- 2
b <- 3
```

これは，2つの変数 a と b にそれぞれ2と3を代入することを意味します．

演習 6.2

次の各式を入力して，スクリプトを実行してください．

- a
- $a + b$
- a/b
- a^b

6.3　Rによるデータの操作

自身で収集してまとめたデータやインターネットからダウンロードしたデータを分析するためには，まずデータをRに読み込む必要があります．代表的なデータの形式はCSV（comma separated values，カンマ区切り）形式です．まずは，CSV形式のデータセットを読み込んでみましょう．

演習 6.3

サポートページ から data06.csv をダウンロードしてください．基本統計量を求め，ヒストグラム，箱ひげ図，散布図を作成してみましょう．

data06.csv は300名の学生の英語と数学のデータです．このファイルをプロジェクトのフォルダに保存してください（上の例ではデスクトップの test フォルダ）．もし，ファイル名を変更する場合は半角の英数字で名前を付けて保存しましょう．

csv データをRに読み込むために次のコマンドをコンソール（図6.4の③の

部分）にそれぞれ入力して実行しましょう.

ソースコード 6.3 readr パッケージの読み込み

```
install.packages("readr")
library(readr)
```

readr のパッケージをインストールし，読み込んでいます．windows を利用している場合，インストールでエラーとなることがあります．その場合は，Rstudio を一度閉じたあと，「管理者」として Rstudio を開いてください.

パッケージの読み込みが終わったら，次のコマンドで data06.csv のデータを読み込み，dat という変数名で扱えるようにします．コマンドが長いため，入力ミスしたときに修正しやすいソース部分（図 6.4①）に入力することを推奨します.

ソースコード 6.4 データの読み込み (列名あり)

```
dat <- readr::read_csv("data06.csv")
```

また，CSV ファイルの 1 行目が変数名（列名）になっていないデータセットを読み込む場合は

ソースコード 6.5 データの読み込み (列名なし)

```
dat <- readr::read_csv("data06.csv",col_name=FALSE)
```

とします．データをうまく読み込むことができれば図 6.5 のように右上に dat の詳細が表示されます.

データセットが Excel 形式である場合は次のコマンドによりデータを読み込むことができます.

ソースコード 6.6 xlsx ファイルの読み込み

```
install.packages("readxl")
library(readxl)
dat <- readxl::read_excel("data06.xlsx")
```

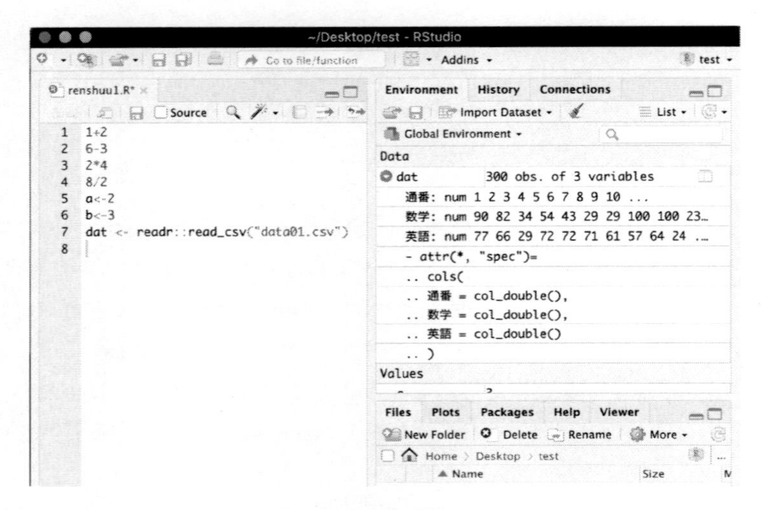

図 6.5　データの読み込み結果

データが正しく読み込まれているか，dat の中身を確認しましょう．

- 関数 dim によりデータの行数と列数の確認
- 関数 colnames により変数名を確認
- 関数 head により最初の数行を表示

実行結果は以下のようになります．

ソースコード 6.7　データの確認

```
> dim(dat)
[1] 300   3
> colnames(dat)
[1] "通番" "数学" "英語"
> head(dat)
# A tibble: 6 x 3
   通番  数学  英語
  <dbl> <dbl> <dbl>
1     1    90    77
2     2    82    66
3     3    34    29
4     4    54    72
5     5    43    72
6     6    29    71
```

次に，読み込んだデータを用いて基礎分析をしましょう.

ヒストグラム

ヒストグラムは以下のコマンドで描画できます.

ソースコード 6.8 ヒストグラムの作成

```
hist(dat$数学,xlab="得点",main="数学の得点のヒストグラム")
```

ヒストグラムにしたいデータのラベルを dat$ の後に指定します．xlab はグラフの横軸ラベル，main はグラフのタイトルを指定しています．MacOS を利用している場合，ラベルの日本語が文字化けすることがあります．その場合は，以下のコマンドを hist 関数の前に追加してください.

ソースコード 6.9 文字化けの対応例

```
par(family= "HiraKakuProN-W3")
```

Rstudio の右下のウインドウにヒストグラムが描画されます（図 6.6).

もしも，「フォントファミリー "HiraKakuProN-W3" に対してフォントが見つかりません」などのエラーが表示される場合は上記コマンドの代わりに次のコマンドを実行してください.

ソースコード 6.10 文字化けの対応例

```
par(family="Hiragino␣Mincho␣Pro␣W6")
```

基本統計量

データの基本統計量は以下のコマンドによって求められます.

ソースコード 6.11 基本統計量の実行例

```
> mean(dat$数学) #平均値
[1] 41.74
> max(dat$数学) #最大値
[1] 100
> min(dat$数学) #最小値
[1] 6
> median(dat$数学) #中央値
[1] 32
> var(dat$数学) #分散
[1] 511.3904
> sd(dat$数学) #標準偏差
[1] 22.61394
```

箱ひげ図

箱ひげ図は以下のコマンドによって描画できます.

ソースコード 6.12　箱ひげ図の作成

```
boxplot(dat$数学,dat$英語,names=c("数学","英語"),main="数学と英語の得点の箱ひげ図",ylab="得点")
```

散布図

散布図は以下のコマンドによって描画できます（図 6.7).

ソースコード 6.13　散布図の作成

```
plot(dat$数学,dat$英語,xlab="数学",ylab="英語")
```

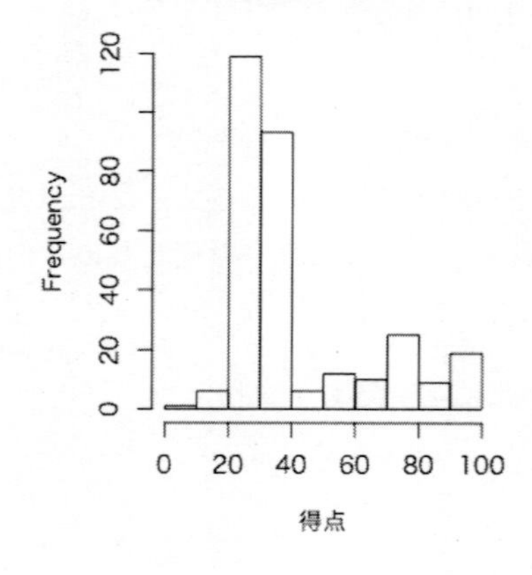

図 6.6　ヒストグラムの描画

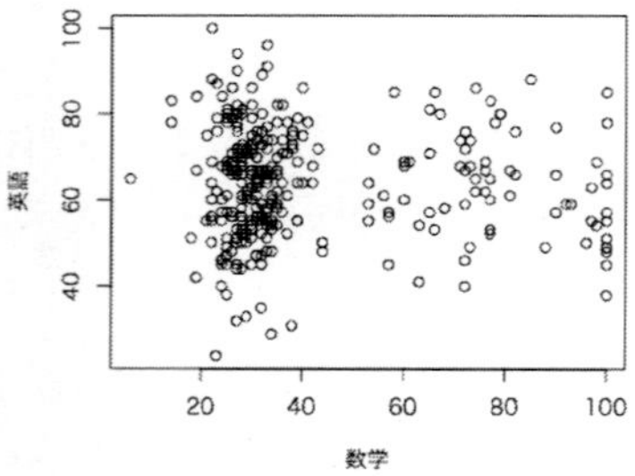

図 6.7　散布図の描画

第 7 回

重回帰分析

重回帰分析とは，1 つの被説明変数（目的変数）を複数の説明変数で予測する多変量解析です．単回帰分析は，1 つの説明変数を用いた回帰分析ですが，重回帰分析では，複数の説明変数を用いる点で異なります．第 3 回の単回帰分析では，Excel のアドインを用い説明しましたが，ここでは,「R」を使います．また，重回帰分析を Excel のアドインでおこなうこともできますので，結果を比較してみてください．

>>> **第 7 回の目標**

- 重回帰分析の意味を理解し，計算・分析できる．
- 適切な回帰モデルを作成することができる．
- 重回帰分析の結果を評価できる．

7.1　重回帰分析

重回帰分析は，複数の説明変数を使い，式 (7.2) のように記すことができます．

$$\text{単回帰分析} \quad y = a + bx \tag{7.1}$$

$$\text{重回帰分析} \quad y = a_1x_1 + a_2x_2 + a_3x_3 + a_4x_4 + \cdots + b \tag{7.2}$$

この説明変数の係数 (a_i) を求めることで，被説明変数を予測するための回帰式を求めることができます．これにより，重回帰分析では，被説明変数をいくつかの説明変数から予測する**モデル**（数式）を作成することができます．予測の精度を表す指標には，決定係数（R^2）があることは説明しました．重回帰分析では，**自由度調整済み決定係数**を用いて，推定された回帰式がデータをどの程度説明できているのかを評価します．この自由度調整済み決定係数が高くなるほど，モデルの説明力が高くなります．また，作成されたモデルに意味があるかどうか，すなわちモデルの有意性を確認するために，F **検定**をおこないます．

- 帰無仮説：係数の値が 0 である（モデルには意味がない）
- 対立仮説：係数の値が 0 でない

また，モデル作成により，被説明変数に対して，説明変数の影響があるかどうかを明らかにすることができます．ここでは t **検定**をおこない，各係数が統計的に有意であるかどうかを確認できます．

- 帰無仮説：全ての係数の値が 0 である（説明変数には意味がない）
- 対立仮説：全ての係数の値が 0 でない

結果的に，被説明変数に対して説明変数が説明力を持つことを有意水準 p 値で確認します．

通常，多くの説明変数を用いることで，決定係数が高くなる傾向があります．一方で，説明変数を多く用いると，説明変数間で高い相関関係をもつ場合があります．この時，分析結果に歪みを生じることになります．これを**多重共線性**と呼び，正しく測定できないことがあるので注意が必要です．

7.2　R による重回帰分析

演習 7.1

「airquality」のデータを用いて，その中の変数「Ozone」を説明する回帰モデルを作成しなさい．

ソースコード 7.1　R での記述

```
summary(airquality)
data <- airquality[,1:4]
data <- na.omit(data)
summary(data)
reg <- lm(Ozone ~ Solar.R + Wind + Temp, data=data)
summary(reg)
```

サンプルデータとして，Rに最初から準備されている「airquality」を使います．「airquality」は，大気汚染の状況を測定したデータで，Ozone（オゾン濃度），Solar.R（太陽放射強度），Wind（風速），Temp（最高気温），Month（月），Day（日）という量的変数で構成されています．データについての要約（統計量）をまずsummary関数を用いて確認します．引数として，使用するデータ（この場合は，airquality）を指定してください．最小値，最大値，四分位数，平均値が表示されています．

ソースコード7.2 「airquality」のデータの要約

```
> summary(airquality)
     Ozone           Solar.R           Wind             Temp           Month            Day
 Min.   :  1.00   Min.   :  7.0   Min.   : 1.700   Min.   :56.00   Min.   :5.000   Min.   : 1.0
 1st Qu.: 18.00   1st Qu.:115.8   1st Qu.: 7.400   1st Qu.:72.00   1st Qu.:6.000   1st Qu.: 8.0
 Median : 31.50   Median :205.0   Median : 9.700   Median :79.00   Median :7.000   Median :16.0
 Mean   : 42.13   Mean   :185.9   Mean   : 9.958   Mean   :77.88   Mean   :6.993   Mean   :15.8
 3rd Qu.: 63.25   3rd Qu.:258.8   3rd Qu.:11.500   3rd Qu.:85.00   3rd Qu.:8.000   3rd Qu.:23.0
 Max.   :168.00   Max.   :334.0   Max.   :20.700   Max.   :97.00   Max.   :9.000   Max.   :31.0
 NA's   :37       NA's   :7
```

「Month」「Day」の日付データは，厳密には，量的変数ではありません．そのため，この変数は分析用のデータである「data」から除外します．つまり，1〜4列までのデータのみを採用し，「data」にairquality[,1:4]とします．[,*]とすることで，データの*列目を抽出できます．行を指定するときは，[*,]としてください．ここでは，列の指定を「1:4」とすることで，1〜4列目を抽出できます．また，最初の「data」は，新たな変数「data」を作成しています．この新たな変数に，airqualityの1〜4列までのデータを「<-」で代入します．

また，要約に示される「NA's」は**欠損値**ですので，「Ozone」「Solar.R」には，欠損値があることが分かります．このままでは，分析が進まないので，欠損値をもつデータをまるごと削除します．na.omit関数を使い，「NA」を削除し，新たに，「data」に格納します．同じ変数を指定しても，新たなデータに上書きされます．このように欠損値を削除する等，分析に入る前のデータマネジメントが実際の分析では作業の大半になります．

ソースコード7.3　「airquality」のデータの要約（NA削除後）

```
> data <- airquality[,1:4]
> data <- na.omit(data)
> summary(data)
     Ozone          Solar.R           Wind            Temp
 Min.   :  1.0   Min.   :  7.0   Min.   : 2.30   Min.   :57.00
 1st Qu.: 18.0   1st Qu.:113.5   1st Qu.: 7.40   1st Qu.:71.00
 Median : 31.0   Median :207.0   Median : 9.70   Median :79.00
 Mean   : 42.1   Mean   :184.8   Mean   : 9.94   Mean   :77.79
 3rd Qu.: 62.0   3rd Qu.:255.5   3rd Qu.:11.50   3rd Qu.:84.50
 Max.   :168.0   Max.   :334.0   Max.   :20.70   Max.   :97.00
```

「data」の要約を見ると，1〜4列のデータで，「NA's」が無くなっています．

これで「Ozone」を被説明変数，「Solar.R」「Wind」「Temp」を説明変数とする重回帰分析をおこないます．回帰分析は，lm関数を使い，回帰分析の式を次のように指定します．

lm(「被説明変数」〜「説明変数」＋「説明変数」＋・・・＋「説明変数」)

最後に，この回帰結果を「reg」に代入します．

ソースコード7.4　回帰分析の結果（演習7.1）

```
> reg <- lm(Ozone ~ Solar.R + Wind + Temp, data=data)
> summary(reg)

Call:
lm(formula = Ozone ~ Solar.R + Wind + Temp, data = data)

Residuals:
    Min      1Q  Median      3Q     Max
-40.485 -14.219  -3.551  10.097  95.619

Coefficients:
             Estimate Std. Error t value Pr(>|t|)
(Intercept) -64.34208   23.05472  -2.791  0.00623 **
Solar.R       0.05982    0.02319   2.580  0.01124 *
Wind         -3.33359    0.65441  -5.094 1.52e-06 ***
Temp          1.65209    0.25353   6.516 2.42e-09 ***
---
Signif. codes:  0 ‘***’ 0.001 ‘**’ 0.01 ‘*’ 0.05 ‘.’ 0.1 ‘ ’ 1

Residual standard error: 21.18 on 107 degrees of freedom
Multiple R-squared:  0.6059,    Adjusted R-squared:  0.5948
F-statistic: 54.83 on 3 and 107 DF,  p-value: < 2.2e-16
```

「reg」に収納した回帰分析の結果を「summary(reg)」で確認することができます．最初の「Call」は，指定した回帰モデルです．「Residuals」は，個々のデータの予測値と実績値の差である残差の統計量を示しています．

「Coefficients」は，説明変数の t 検定の結果で，「Estimate」は係数の推定値になります．「Solar.R」の上にある「(Intercept)」は定数項（切片）です．「Std.Error」は標準誤差で係数の推定値の標準偏差として精度を示すものです．推定値を標準誤差で割ったものが「t value：t 値」と呼ばれるものです．t 値を元に，t 分布における確率を示したのが，「Pr(> $|t|$)」で示されている p 値になります．p 値の横についてる「*」の説明が，「Signif. codes」に書いてあり，「***」は p 値が，0.001(0.1%) 以下であることを示し，有意水準が 0.1% 水準で有意となります．「**」1%，「*」5%，「.」10% で同様となります．t 値が大きくなれば，p 値は小さくなり，変数が統計的に意味をもつ，すなわち「統計的有意」となります．「**」であれば，「有意水準 1%」となります．

このとき，「Solar.R」は「有意水準 5%」，「Wind」と「Temp」は「有意水準 0.1%」となります．

つまり，仮説検定における「「Ozone」に対して，「Solar.R」「Wind」「Temp」が影響を与えていない」という帰無仮説に対して，「Wind」と「Temp」は影響を与えていない，という帰無仮説を採択する確率は 0.1% 以下であるため，帰無仮説は棄却される．そうなると，「「Ozone」に対して，「Solar.R」「Wind」「Temp」が影響を与えている」という対立仮説が支持されることになります．

「Residual standard error」は残差の標準誤差で，その後の 107 は自由度となります．これは，回帰式の当てはまりを示し，ここから，「Multiple R-squared」「Adjusted R-squared」を計算しています．

「F-statistic」は，F 検定の統計量を表し，その後の「p-value」は，その時の p 値を示しています．これは，「係数の値が 0 である（このモデルには意味がない)」という帰無仮説を検定したもので，p 値は限りなく小さい値で，ほぼ 0（2.2e-16）であり，帰無仮説は棄却され，「少なくとも係数の 1 つは 0 でない」という対立仮説が支持されていることを示しています．「係数の値が 0」ということは，このモデルには意味がないことになります．それが棄却されたと言うことは，「意味がない」という確率はかなり低いと判断され，結果「この分析には意味がある」となります．

7.3 質的変数の利用

回帰分析で用いられる変数は，基本的には，量的変数であり，変数の値が数値です．しかし，「Yes」「No」などのような質的変数を分析に使いたい場合もあります．そのため，質的変数を量的変数に変換しておこなう回帰分析の方法について説明します．

演習 7.2

「iris」のデータを用いて，その中の変数「Petal.Length」を説明する回帰モデルを作成しなさい．

ソースコード 7.5 Rでの記述

```
summary(iris)
data <- iris
data
reg <- lm( Petal.Length ~ Sepal.Length + Sepal.Width +
Petal.Width + Species ,data=data)
summary(reg)
```

サンプルデータとして, 準備されている「iris」を使います．「iris」はアヤメのことで, Sepal.Length（がく片の長さ), Sepal.Width（がく片の幅)，Petal.Length（花弁の長さ），Petal.Width（花弁の幅）の 4 つの量的変数と，Species（種，setosa，versicolor，virginica の 3 種類）という質的変数で構成されています．

被説明変数として,「Petal.Length」を使い，説明変数として,「Sepal.Length」「Sepal.Width」「Petal.Width」を使います．

ソースコード 7.6 「iris」のデータ要約

```
> data <- iris
> data
    Sepal.Length Sepal.Width Petal.Length Petal.Width     Species
1            5.1         3.5          1.4         0.2      setosa
2            4.9         3.0          1.4         0.2      setosa
3            4.7         3.2          1.3         0.2      setosa
```

「iris」を「data」に格納し，「data」と入力することで，「data」に格納されているデータを確認できます．「Species」には，順に「setosa」，「versicolor」，「virginica」を確認することができ，質的変数となっています．

本来は，質的変数は，量的変数に変換し，回帰分析をする必要がありますが，そのまま，「Species」を変数として用いることで，自動的に**ダミー変数化**（量的変数への変換）をして分析をしてくれます．

ソースコード 7.7 回帰分析の結果 1（演習 7.2）

```
> reg <- lm( Petal.Length ~ Sepal.Length + Sepal.Width +
Petal.Width + Species ,data=data)
> summary(reg)

Call:
lm(formula = Petal.Length ~ Sepal.Length + Sepal.Width + Petal.Width +
    Species, data = data)

Residuals:
     Min       1Q   Median       3Q      Max
-0.78396 -0.15708  0.00193  0.14730  0.65418

Coefficients:
                  Estimate Std. Error t value Pr(>|t|)
(Intercept)       -1.11099    0.26987  -4.117 6.45e-05 ***
Sepal.Length       0.60801    0.05024  12.101  < 2e-16 ***
Sepal.Width       -0.18052    0.08036  -2.246   0.0262 *
Petal.Width        0.60222    0.12144   4.959 1.97e-06 ***
Speciesversicolor  1.46337    0.17345   8.437 3.14e-14 ***
Speciesvirginica   1.97422    0.24480   8.065 2.60e-13 ***
---
Signif. codes:  0 ‘***’ 0.001 ‘**’ 0.01 ‘*’ 0.05 ‘.’ 0.1 ‘ ’ 1

Residual standard error: 0.2627 on 144 degrees of freedom
Multiple R-squared:  0.9786,	Adjusted R-squared:  0.9778
F-statistic:  1317 on 5 and 144 DF,  p-value: < 2.2e-16
```

「Speciesversicolor」「Speciesvirginica」が変換されたダミー変数です．なお，「Speciessetona」も考えられますが，3 つの変数を同時には，回帰式には入れられないので 1 つ減らしています．また，「Species」には，大小関係はありませんので，「1」「2」「3」のように，順序のある量的変数にすることはできません．

表 7.1 ダミー変数化（演習 7.2）

Species	Speciesversicolor	Speciesvirginica
setosa	0	0
versicolor	1	0
virginica	0	1

回帰結果の「coefficients」の係数を見ると，「Sepal.Width」は「*」となっています．そこで，有意性が高くない「Sepal.Width」を回帰式から外します．

ソースコード 7.8　回帰分析の結果 2（演習 7.2）

```
> reg <- lm( Petal.Length ~ Sepal.Length +
Petal.Width + Species ,data=data)
> summary(reg)

Call:
lm(formula = Petal.Length ~ Sepal.Length + Petal.Width + Species,
    data = data)

Residuals:
     Min       1Q   Median       3Q      Max
-0.76508 -0.15779  0.01102  0.13378  0.66548

Coefficients:
                  Estimate Std. Error t value Pr(>|t|)
(Intercept)       -1.45957    0.22387  -6.520 1.09e-09 ***
Sepal.Length       0.55873    0.04583  12.191  < 2e-16 ***
Petal.Width        0.50641    0.11528   4.393 2.15e-05 ***
Speciesversicolor  1.73146    0.12762  13.567  < 2e-16 ***
Speciesvirginica   2.30468    0.19839  11.617  < 2e-16 ***
---
Signif. codes:  0 ‘***’ 0.001 ‘**’ 0.01 ‘*’ 0.05 ‘.’ 0.1 ‘ ’ 1

Residual standard error: 0.2664 on 145 degrees of freedom
Multiple R-squared:  0.9778,    Adjusted R-squared:  0.9772
F-statistic:  1600 on 4 and 145 DF,  p-value: < 2.2e-16
```

本来，質的変数では回帰分析をおこなえないので，量的変数のみを用いて回帰分析をおこなった結果は，次の通りです．

ソースコード 7.9　回帰分析の結果 3（演習 7.2）

```
> reg <- lm( Petal.Length ~ Sepal.Length + Sepal.Width +
Petal.Width,data=data)
> summary(reg)

Call:
lm(formula = Petal.Length ~ Sepal.Length + Sepal.Width + Petal.Width,
    data = data)

Residuals:
     Min       1Q   Median       3Q      Max
-0.99333 -0.17656 -0.01004  0.18558  1.06909

Coefficients:
             Estimate Std. Error t value Pr(>|t|)
(Intercept)  -0.26271    0.29741  -0.883    0.379
Sepal.Length  0.72914    0.05832  12.502   <2e-16 ***
Sepal.Width  -0.64601    0.06850  -9.431   <2e-16 ***
Petal.Width   1.44679    0.06761  21.399   <2e-16 ***
---
Signif. codes:  0 ‘***’ 0.001 ‘**’ 0.01 ‘*’ 0.05 ‘.’ 0.1 ‘ ’ 1

Residual standard error: 0.319 on 146 degrees of freedom
Multiple R-squared:  0.968,     Adjusted R-squared:  0.9674
F-statistic:  1473 on 3 and 146 DF,  p-value: < 2.2e-16
```

「Species」を入れる前と後を比較すると，「Species」を入れることで，R^2 が上昇しています.「Sepal.Width」よりも，「Species」の方が，「Petal.Length」を説明しやすい変数だと考えられます.

演習 7.3

mtcars のデータを用いて，その中の変数「mpg」を説明する回帰モデルを作成せよ．なるべく少ない変数でモデルを作成すること.

ソースコード 7.10 R での記述

```
summary(mtcars)  # データの要約
help(mtcars)  # mtcarsのデータの概要
data <- mtcars  # mtcarsを「data」に
reg <- lm(mpg ~ cyl + disp + hp + drat + wt + qsec + am
+ gear + carb, data=data) # すべての変数で回帰分析を「reg」へ
summary(reg)  #「reg」を表示
extractAIC(reg)  # AICを表示
```

ソースコード 7.11 回帰分析の結果 1（演習 7.3）

```
> data <- mtcars  # mtcarsを「data」に
> reg <- lm(mpg ~ cyl + disp + hp + drat + wt + qsec + am
+ gear + carb, data=data) # すべての変数で回帰分析を「reg」へ
> summary(reg)  #「reg」を表示

Call:
lm(formula = mpg ~ cyl + disp + hp + drat + wt + qsec + am +
    gear + carb, data = data)

Residuals:
    Min      1Q  Median      3Q     Max
-3.4074 -1.6304 -0.2262  1.2270  4.6473

Coefficients:
            Estimate Std. Error t value Pr(>|t|)
(Intercept) 12.04177   18.21890   0.661    0.516
cyl         -0.16205    0.96757  -0.167    0.869
disp         0.01307    0.01737   0.752    0.460
hp          -0.02059    0.02048  -1.005    0.326
drat         0.79446    1.59793   0.497    0.624
wt          -3.73956    1.84519  -2.027    0.055 .
qsec         0.86134    0.66508   1.295    0.209
am           2.45510    1.96574   1.249    0.225
gear         0.66524    1.45833   0.456    0.653
carb        -0.21102    0.80665  -0.262    0.796
---
Signif. codes:  0 ‘***’ 0.001 ‘**’ 0.01 ‘*’ 0.05 ‘.’ 0.1 ‘ ’ 1

Residual standard error: 2.591 on 22 degrees of freedom
Multiple R-squared:  0.8689,    Adjusted R-squared:  0.8152
F-statistic:  16.2 on 9 and 22 DF,  p-value: 9.083e-08
```

「mtcars」に含まれるすべての変数を用いて，回帰分析をおこないました．その結果，「wt」以外で，統計的に有意となる変数はありませんでした．この回帰モデルの自由度調整済み R^2 は，0.8152 でした．

少し変数が多いようですので，モデルの当てはまりをみる指標として，AIC という指標の値も確認しておきます．extractAIC 関数を用います．

ソースコード 7.12　回帰分析の結果 2（演習 7.3）

```
> extractAIC(reg)  # AICを表示
[1] 10.00000 68.93247
```

説明変数は，10 個あり，AIC の値は，68.93247 であることがわかります．AIC は，値が小さいほど，モデルのあてはまりが良いとされます．

そこで，次に，p 値が高くあまり影響がないと考えられる変数である「cyl」「carb」を外して回帰分析を試みます．

ソースコード 7.13　回帰分析の結果 3（演習 7.3）

```
> reg <- lm(mpg ~ disp + hp + drat + wt + qsec + am + gear, data=data)
> # すべての変数で回帰分析を「reg」へ
> summary(reg)  #「reg」を表示

Call:
lm(formula = mpg ~ disp + hp + drat + wt + qsec + am + gear,
    data = data)

Residuals:
    Min      1Q  Median      3Q     Max
-3.1200 -1.7753 -0.1446  1.0903  4.7172

Coefficients:
            Estimate Std. Error t value Pr(>|t|)
(Intercept)  9.19763   11.54220   0.797  0.43334
disp         0.01552    0.01214   1.278  0.21342
hp          -0.02471    0.01596  -1.548  0.13476
drat         0.81023    1.45007   0.559  0.58151
wt          -4.13065    1.23593  -3.342  0.00272 **
qsec         1.00979    0.48883   2.066  0.04981 *
am           2.58980    1.83528   1.411  0.17104
gear         0.60644    1.20596   0.503  0.61964
---
Signif. codes:  0 ‘***’ 0.001 ‘**’ 0.01 ‘*’ 0.05 ‘.’ 0.1 ‘ ’ 1

Residual standard error: 2.488 on 24 degrees of freedom
Multiple R-squared:  0.8681,    Adjusted R-squared:  0.8296
F-statistic: 22.56 on 7 and 24 DF,  p-value: 4.218e-09
```

統計的有意となる変数が,「wt」「qsec」となり，自由度調整済み R^2 は，0.8296 と上昇しています．

ソースコード 7.14　回帰分析の結果 4（演習 7.3）

```
> extractAIC(reg)  # AICを表示
[1]  8.00000 65.12126
```

AIC は，65.12126 となり，こちらも小さくなっていますので，モデルの当てはまりが先ほどよりも良くなったことを示しています．

このように，変数を外していき，一番あてはまりのよいところを探してください．

説明変数を 3 つにした結果が次のとおりです．

ソースコード 7.15　回帰分析の結果 5（演習 7.3）

```
> reg <- lm(mpg ~ wt + qsec + am, data=data)
> # すべての変数で回帰分析を「reg」へ
> summary(reg)  #「reg」を表示

Call:
lm(formula = mpg ~ wt + qsec + am, data = data)

Residuals:
    Min      1Q  Median      3Q     Max
-3.4811 -1.5555 -0.7257  1.4110  4.6610

Coefficients:
            Estimate Std. Error t value Pr(>|t|)
(Intercept)   9.6178     6.9596   1.382 0.177915
wt           -3.9165     0.7112  -5.507 6.95e-06 ***
qsec          1.2259     0.2887   4.247 0.000216 ***
am            2.9358     1.4109   2.081 0.046716 *
---
Signif. codes:  0 ‘***’ 0.001 ‘**’ 0.01 ‘*’ 0.05 ‘.’ 0.1 ‘ ’ 1

Residual standard error: 2.459 on 28 degrees of freedom
Multiple R-squared:  0.8497,	Adjusted R-squared:  0.8336
F-statistic: 52.75 on 3 and 28 DF,  p-value: 1.21e-11

> extractAIC(reg)  # AICを表示
[1]  4.0000 61.3073
```

説明変数を 2 つにした結果が次のとおりです．

ソースコード 7.16　回帰分析の結果 6（演習 7.3）

```
> reg <- lm(mpg ~ wt + qsec, data=data)
> # すべての変数で回帰分析を「reg」へ
> summary(reg)  #「reg」を表示

Call:
lm(formula = mpg ~ wt + qsec, data = data)

Residuals:
    Min      1Q  Median      3Q     Max
-4.3962 -2.1431 -0.2129  1.4915  5.7486

Coefficients:
            Estimate Std. Error t value Pr(>|t|)
(Intercept)  19.7462     5.2521   3.760 0.000765 ***
wt           -5.0480     0.4840 -10.430 2.52e-11 ***
qsec          0.9292     0.2650   3.506 0.001500 **
---
Signif. codes:  0 '***' 0.001 '**' 0.01 '*' 0.05 '.' 0.1 ' ' 1

Residual standard error: 2.596 on 29 degrees of freedom
Multiple R-squared:  0.8264,    Adjusted R-squared:  0.8144
F-statistic: 69.03 on 2 and 29 DF,  p-value: 9.395e-12

> extractAIC(reg)  # AICを表示
[1]  3.00000 63.90843
```

表 7.2　回帰分析の結果の比較（演習 7.3）

説明変数					Adjusted R^2	AIC
disp	hp	wt**	qsec*	am*	0.8375	62.1619
hp	wt**	qsec.	am		0.8368	61.5153
wt***	qsec***	am*			0.8336	61.3073
wt***	qsec**				0.8144	63.9084

以上のような結果が得られたので表 7.2 のようにまとめてみます．変数の右肩にある「*」は説明変数の有意水準を表しています．説明変数 5 つのモデルよりも，説明変数 4 つ，3 つでは，「Adjusted R^2」は僅かですが徐々に下がっていいます．一方で，「AIC」は 3 つのモデルで良くなっています．説明変数 2 つになると，「Adjusted R^2」「AIC」共に，当てはまりが良くない傾向がみられます．また，統計的有意となる変数も，3 つの時は，すべての変数である程度有意になっていることがわかりますので，「mpg」を効率よく説明できるモデルと考えることができます．

なお，step 関数を使い，次のようにすることで，この手順を自動化できます．

ソースコード 7.17 基本統計量の実行例

```
data <- mtcars  # mtcarsを「data」に
reg <- lm(mpg ~ cyl + disp + hp + drat + wt + qsec + am + gear
        + carb, data=data)
# すべての変数で回帰分析を「reg」へ
step(reg)
```

ソースコード 7.18 回帰分析の結果 7（演習 7.3）

```
> step(reg)
Start:  AIC=68.93
mpg ~ cyl + disp + hp + drat + wt + qsec + am + gear + carb

       Df Sum of Sq    RSS    AIC
- cyl   1    0.1883 147.84 66.973
- carb  1    0.4593 148.11 67.032
- gear  1    1.3966 149.05 67.234
- drat  1    1.6590 149.31 67.290
- disp  1    3.7977 151.45 67.745
- hp    1    6.7849 154.44 68.370
<none>              147.66 68.932
- am    1   10.4691 158.12 69.125
- qsec  1   11.2569 158.91 69.284
- wt    1   27.5664 175.22 72.410
```

ソースコード 7.19 回帰分析の結果 8（演習 7.3）

```
Step:  AIC=61.31
mpg ~ wt + qsec + am

       Df Sum of Sq    RSS    AIC
<none>              169.29 61.307
- am    1    26.178 195.46 63.908
- qsec  1   109.034 278.32 75.217
- wt    1   183.347 352.63 82.790

Call:
lm(formula = mpg ~ wt + qsec + am, data = data)

Coefficients:
(Intercept)           wt         qsec           am
      9.618       -3.917        1.226        2.936
```

第8回

ロジスティック回帰分析

第8回はロジスティック回帰分析を扱います．ここでは，消費者がある商品を購入するかしないか，設備が故障するかしないか，授業の単位が取れるか取れないかといった，ある現象が起こるか起こらないかを予測する方法を学びます．

>>> 第8回の目標

- ロジスティック回帰の目的を理解する．
- 分析結果を正しく解釈できる．

年齢や職業など1つあるいは複数の説明変数と「ある商品を購入する，しない」といった目的変数（被説明変数）が2値の場合の予測方法を**ロジスティック回帰分析**と言います．回帰分析のように，目的変数の値（売上やマンション価格）そのものを予測するのではなく，2値のうち一方が生じる確率を求めます．目的変数の値が2値であるため，回帰直線の代わりに，**シグモイド曲線**と呼ばれるS字曲線を用いて，予測モデルを構築します．

演習 8.1

あるWebサイトに訪問したユーザーが利用するパソコンの「OS」と「会員登録の有無」に関する20人分のデータをもとに，あるユーザーの購入確率を求めよう．データはサポートページからdata08.csvをダウンロードしてください．

データは図8.1のように与えられます．OSは「windows」か「mac」のいずれかのデータが，購入有無は「購入あり」または「購入なし」のいずれかのデータが入力されています．「OS」と「購入有無」は質的変数，「訪問回数」は量的変数です.

	A	B	C
1	OS	訪問回数	購入有無
2	win	22	あり
3	mac	19	なし
4	win	32	あり
5	mac	21	あり
6	win	26	あり

図 8.1　データの抜粋

このデータを用いて次の手順で分析を行います.

ロジスティック回帰分析の手順

1. データを整形する
2. 目的変数（購入有無）を推定するモデル式を作成し，係数を推定する．例題の場合，購入確率 p は以下のようにモデル化されます

$$p = \frac{1}{1 + e^{-(a_1 \times (\mathrm{OS}) + a_2 \times (\text{訪問回数}) + b)}} \tag{8.1}$$

   この式の係数 a_1, a_2, b を推定します．係数が求められれば，購入確率 p を得ることができます.
3. モデルを評価する
4. 係数の解釈，結果を考察する

8.1　データの整形

質的変数は文字データのまま分析することができないため，データを変換します．たとえば,「OS」の場合には，win を 0 に置き換えて基準カテゴリとし，mac を 1 に置き換えて参照カテゴリとします．同様に,「購入有無」も購入なしを 0，購入ありを 1 と変換します．次のコードを実行しましょう.

ソースコード 8.1 データの読み込み

```
dat <- readr::read_csv("data_logi.csv")
dat$OS.cate<-factor(dat$OS,levels=c("win","mac"),labels=0:1)
dat$購入有無.cate<-factor(dat$購入有無,levels=c("なし","あり"),labels=0:1)
head(dat)
```

1 行目でデータを dat という変数に図 8.1 のデータを読み込み，2 行目と 3 行目でそれぞれ文字データを 01 データに変換しています．dat$OS はデータ「dat」の中の「OS」という変数名（列名）のデータのうち，win を 0，mac を 1 に変換するコードです．変換後のデータを OS.cate という変数名で dat に新たな列を追加しています．head(dat) の実行結果を以下に示します．

ソースコード 8.2 データの確認

```
> head(dat)
# A tibble: 6 x 5
  OS    訪問回数 購入有無 OS.cate 購入有無.cate
  <chr>    <dbl> <chr>    <fct>   <fct>
1 win         22 あり     0       1
2 mac         19 なし     1       0
3 win         32 あり     0       1
4 mac         21 あり     1       1
5 win         26 あり     0       1
6 win         32 あり     0       1
```

このデータでは，win と mac の 2 種類ですが，win, mac, linux のように 3 種類以上のデータを変換したい場合には，

ソースコード 8.3 データの変換

```
dat$OS.cate<-factor(dat$OS,levels=c("win","mac","linux"),labels=0:2)
```

とすれば，win が 0，mac が 1，linux が 2 となります．

8.2 モデルの係数を推定

glm 関数を用いてロジスティック回帰分析を行います．次のコードを実行しましょう．

ソースコード 8.4 ロジスティック回帰の実行

```
result<-glm(購入有無.cate~OS.cate+訪問回数,family="binomial",data=dat)
summary(result)
```

チルダ「~」の左側に目的変数（購入有無.cate），右側に分析に使用する説明変数である「OS.cate」と「訪問回数」を「+」で繋いで入力します．familiy の binomial は 2 項分布を意味しています．係数の推定値を計算するための尤度関数は 2 項分布の確率関数の積により構成されるためです．分析結果を result という変数に入力し，summary(result) を実行すると，次のような分析結果が得られます．

ソースコード 8.5　ロジスティック回帰の結果（一部抜粋）

```
Coefficients:
             Estimate Std. Error z value Pr(>|z|)
(Intercept)   -7.9572     3.3560  -2.371   0.0177 *
OS.cate1      -3.2862     1.9038  -1.726   0.0843 .
訪問回数        0.4346     0.1714   2.536   0.0112 *
---
Signif. codes:  0 ‘***’ 0.001 ‘**’ 0.01 ‘*’ 0.05 ‘.’ 0.1 ‘ ’ 1
```

この結果の，(Intercept) の行は式 (8.1) の切片 b の分析結果であり，「OS.cate1」と「訪問回数」の行はそれぞれ係数 a_1, a_2 の分析結果を示しています．Estimate は推定値を表しており，係数はそれぞれ $a_1 = -3.2862, a_2 = 0.4346, b = -7.9572$ と求められます．これより，購入確率を求める予測モデルは

$$p = \frac{1}{1 + e^{-(-3.2862\times(\mathrm{OS})+0.4346\times(\text{訪問回数})-7.9572)}} \tag{8.2}$$

となります．では，この式を使って，web サイトに 30 回訪れた mac ユーザの購入確率を求めてみましょう．式 (8.2) に OS=1, 訪問回数=30 を代入することで計算できます．

ソースコード 8.6　購入確率の計算

```
p=1/(1+exp(-(-3.2862*1+0.4346*30-7.9572)))
print(p)
```

この結果，購入確率は 0.8575 となることを確認しましょう．

次に，式 (8.2) を可視化します．横軸を訪問回数，縦軸を購入確率とした散布図に，ロジスティック回帰分析で推定された曲線を追加します．

ソースコード 8.7 シグモイド曲線の作成

```
dat$OS.cate<-as.numeric(dat$OS.cate)-1
dat$購入有無.cate<-as.numeric(dat$購入有無.cate)-1
head(dat)
plot(dat$訪問回数,dat$購入有無.cate)
curve(predict(result,data.frame(OS.cate="0",訪問回数=x),type="resp"),add=TRUE)
curve(predict(result,data.frame(OS.cate="1",訪問回数=x),type="resp"),add=TRUE)
points(dat$訪問回数,fitted(result),pch=20)
```

はじめの 2 行はグラフ化するために，文字型データを 0 と 1 の数値データに変換しています．head(dat) によりデータの先頭行が質的データを表す fct から数値データを表す dbl に変わっていることを確認してください．3 行目は訪問回数と購入有無の散布図を作成するコードです．4 行目は OS が windows である場合（OS=0）の曲線，5 行目は OS が mac である場合（OS=1）の曲線を図示しています．最後のコードで，式 (8.2) によって求められた予測値をプロットしています．結果を図 8.2 に示します．

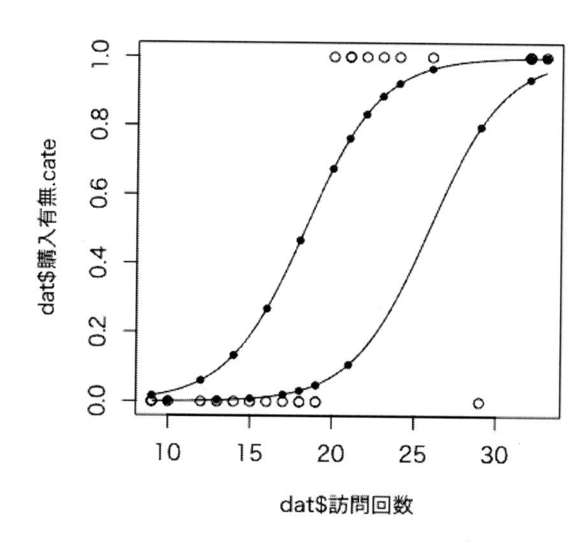

図 8.2 例題のシグモイド曲線

8.3　モデルの評価

ロジスティック回帰モデルの当てはまりの良さを評価しましょう．まず，予測の**的中率**を見ます．前節で得られた予測モデル式 (8.2) に data08.csv の 20 人分の OS.cate データと訪問回数データを当てはめて，それぞれのユーザーの購入確率を求めます．その購入確率が 0.5 以上であれば「購入あり」，そうでなければ「購入なし」と判定します．こうして得られた購入有無の予測数と実際の数（購入有無.cate データ）を**クロス集計表**にまとめましょう．

ソースコード 8.8　クロス集計表の作成

```
install.packages("magrittr")
library(magrittr)
pred2<-(fitted(result)>=0.5) %>%
  factor(levels=c(TRUE,FALSE),labels=c("購入あり(予測)","購入なし(予測)"))
table(pred2,dat$購入有無)%>%addmargins()
```

magrittr パッケージをインストールし，確率 0.5 を基準に予測値を判別します．その結果を最後のコードで表にすると以下の結果が得られます．

ソースコード 8.9　クロス集計表

```
pred2              あり  なし  Sum
  購入あり(予測)     10     1   11
  購入なし(予測)      1    13   14
  Sum                11    14   25
```

この結果，実際に購入した 11 人のうち，正しく購入ありと予測されたのは 10 人，1 人については誤った予測をしています．全体としては，25 人のうち 23 人は正しく予測されているので，的中率は 23/25 の 92% となります．

的中率を見るほかに当てはまりの良さを評価する方法として，Hosmer-Lemeshow（ホスマー・レメショウ）の**適合度検定**があります．帰無仮説に「モデルが適合している」を設定して検定を行います．

ソースコード 8.10　検定の実行

```
install.packages("ResourceSelection")
library(ResourceSelection)
hoslem.test(x=result$y,y=fitted(result))
```

上記のコードを実行すると以下の検定結果が得られます．

ソースコード 8.11 検定結果

```
        Hosmer and Lemeshow goodness of fit (GOF) test

data:  result$y, fitted(result)
X-squared = 2.3081, df = 8, p-value = 0.9701
```

p 値が 0.9701 であり，モデルが当てはまっていると解釈できます．

その他に予測の良さを測る指標として AIC があります．AIC は値が小さいほど予測の良さの点でより有効であることを意味します．extractAIC(result) のコードを実行すると AIC の値が得られます．

ソースコード 8.12 AIC の確認

```
> extractAIC(result)
[1]  3.00000 18.64511
```

この結果，AIC は 18.64 です．この値から予測の良さを判断することはできませんが，他のモデルがある場合や変数の選択をおこなう際に，それぞれの AIC を比較して，最も AIC の低いモデルを採用します．

8.3.1 係数の解釈

最後に，係数の意味を考察します．モデルの推定結果をもう一度確認します．

ソースコード 8.13 ロジスティック回帰の実行結果

```
Coefficients:
              Estimate Std. Error z value Pr(>|z|)
(Intercept)   -7.9572     3.3560  -2.371   0.0177 *
OS.cate1      -3.2862     1.9038  -1.726   0.0843 .
訪問回数        0.4346     0.1714   2.536   0.0112 *
---
Signif. codes:  0 ‘***’ 0.001 ‘**’ 0.01 ‘*’ 0.05 ‘.’ 0.1 ‘ ’ 1
```

最後の列 $\Pr(>|z|)$ に説明変数係数の p 値が表示されています．これは「各係数の母集団値=0」の検定における結果を表しています．有意水準を 5% とすると訪問回数の p 値は 0.0112 なので，帰無仮説が棄却されます（係数の母集団値 $\neq 0$）．すなわち，訪問回数は有意水準 5% で有意であり，母集団において購入有無に影響を与えていると考えられます．

説明変数の変化がイベント発生（この例題では購入すること）の確率に与える影響を解釈しましょう．式 (8.1) で与えられる予測モデルを一般化すると，購入する確率 p は次の予測モデルによって求められます

$$p = \frac{1}{1 + e^{-(a_1 x_1 + a_2 x_2 + \cdots + a_k x_k + b)}}. \tag{8.3}$$

ここで，$x_i, i = 1, \ldots, k$ は顧客の特徴を表す説明変数，k は説明変数の数，a_i, $i = 1, \ldots, k$ は各説明変数の影響の重みを表す回帰係数，b は切片を表します．この式から得られる予測値 p は 0 から 1 の間の値をとります．この関数は説明変数 x_i の係数 a_i が正ならば，x_i について増加関数です．これは，図 8.2 のシグモイド曲線からもわかります．このことから，「係数 a_i が正ならば，x_i の増加によってイベント発生確率（購入確率）が上昇する」と解釈することができます．逆に係数が負であれば，x_i の増加に伴い，イベント発生確率は減少します．

重回帰分析では説明変数が 1 単位増えたとき，その係数の値だけ目的変数が変化します．では，ロジスティック回帰モデルにおいて，説明変数の係数はどのように解釈すれば良いでしょうか？ ロジスティック回帰モデルでは**オッズ比**を解釈の指標にします．

式 (8.3) を変形すると

$$\log \frac{p}{1-p} = a_1 x_1 + a_2 x_2 + \cdots + a_k x_k + b \tag{8.4}$$

となります．左辺の $p/(1-p)$ をオッズ，$\log(p/(1-p))$ を対数オッズと呼びます．オッズは購入する確率 p と購入しない確率 $1-p$ の比を表しています．ここで，オッズが 1 より大である関係 $p/(1-p) > 1$ を変形すると，$p > 0.5$ が得られます．これより，オッズが 1 より大きいことは，購入確率が 50% より大きいことに等しいことと同値であることがわかります．このため，オッズはイベント発生（ここでは，購入）のリスク指標の一つとなります．また，対数オッズはオッズの対数を取ることで 0 から 1 の間に調整しています．

式 (8.4) の左辺を微分すると $1/(p(1-p)) > 0$ となり，対数オッズは p について増加関数であるといえます．このことから，「係数 a_i が正ならば，説明変数 x_i の増加はオッズを増やす」といえます．

さらに，説明変数 x_i の値が 1 単位変化するとき，オッズの値がどのように変化するかを考えます．$x_i = 0$ のときの対数オッズを s_0 とすると，式 (8.4) より，

$$s_0 = a_1x_1 + a_2x_2 + \cdots + a_i \times 0 + \cdots + a_kx_k + b, \tag{8.5}$$
$$s_0 = \log \frac{p_0}{1 - p_0}$$

となります．また，$x_i = 1$ のときの対数オッズを s_1 とすると，

$$s_1 = a_1x_1 + a_2x_2 + \cdots + a_i \times 1 + \cdots + a_kx_k + b, \tag{8.6}$$
$$s_1 = \log \frac{p_1}{1 - p_1}.$$

式 (8.5) と式 (8.6) より

$$s_1 - s_0 = a_i.$$

したがって，オッズ比は

$$\frac{\frac{p_1}{1-p_1}}{\frac{p_0}{1-p_0}} = \frac{e^{s_1}}{e^{s_0}} = e^{s_1 - s_0} = e^{a_i}$$

となり，特定の説明変数のオッズ比は e^{a_i} として与えられます．係数 a_i を指数変換した値が 1 より大であることは（$e^{a_i} > 1$），説明変数 x_i の 1 単位の増加（$x_i = 0$ から $x_i = 1$）によって，オッズが増加することを意味しています（$p_1/(1 - p_1) > p_0/(1 - p_0)$）．対数オッズも同様の大小関係であること，対数オッズが p について増加関数であることから，「オッズ比が $e^{a_i} > 1$ である説明変数の増加は，イベント発生の確率（リスク）の増加につながる」と解釈できます．さらに，オッズ比の値が大きいほど，イベント発生の確率が高くなるともいえます．

例題の場合，オッズ比は以下のように得られます．

ソースコード 8.14　オッズ比の計算

```
> exp(result$coefficients)
 (Intercept)     OS.cate1      訪問回数
0.0003501274 0.0373966560 1.5443284107
```

これより，OC.cate1 のオッズ比が 1 未満であるため，OC が windows である場合（OS.cate1=0）よりも mac である場合（OS.cate1=1）の方が購入確率が低くなるといえます．また，訪問回数のオッズ比が 1 以上であるため，訪問回数が増加すると，購入確率が増加すると解釈できます．訪問回数が 1 回増えると購入確率が 1.54 倍に増えるという解釈はできないことに注意してください．

第9回

因子分析

多変量解析とは，多くのデータで示される複数の変数（多変数）の間にある相互の関連性について統計的に分析すること，もしくは，その手法を指します．

例えば，回帰分析において，1つの被説明変数と1つの説明変数とで分析する時には，**単回帰分析**と呼ばれます．1つの被説明変数と複数の説明変数とで分析する時には，重回帰分析であり，このように複数の変数を取り扱う分析を**多変量解析**と呼びます．多変量解析では，「予測」する手法と「要約」する手法とに大別されます．回帰分析は，予測する手法になります．ここでは，要約する手法として，「**因子分析**（Factor Analysis）」の手法についてRでどのように使うかを説明していきます．

>>> 第9回の目標

- 因子分析の意味を理解し，計算・分析できる
- 因子分析の結果を評価できる

表 9.1　多変量解析の種類

≪目的≫			説明変数	
			量的変数	質的変数
≪予測≫	目的変数	量的変数	重回帰分析	数量化 I 類
		質的変数	ロジスティック回帰分析	数量化 II 類
≪要約≫		———	主成分分析 因子分析	数量化III類

9.1　主成分分析と因子分析の概要と差異

主成分分析と因子分析は，考え方，数学的な手法，結果など，一見すると非常によく似ている手法です．どちらも多変数を要約するための手法で，**次元削減手法**と呼ばれる手法です．数式で多変数を扱うとき，多くの変数があると多次元になります．これを要約し，次元を削減することで扱うことを容易にします．例えば，「英語」「数学」「国語」の試験の点数がある時に，すべてを合計すると「合計点」という変数にまとめられます．このとき，3次元のデータが1次元になります．特に，情報として得られるデータが，“ビッグデータ”となっている今日では，次元の削減は重要になります．ただし，単に合計するだけでは，「英語」「数学」「国語」の点数がもつデータの情報の特徴が失われてしまいます．そこで，データの特徴をなるべく活かした形で要約するのが，主成分分析，因子分析になります．

しかし，大きく違うのはその目的です．主成分分析は，データから主成分を作ることが目的であり，これによりデータの次元を削減することができます．すなわち，次元を削減することがこの主成分分析の目的となります．一方で，因子分析は，データの背後にある因子を探すことが目的となります．すなわち，データがどのような因子に影響を受けて，そのデータになっているかを知ることが目的となります．

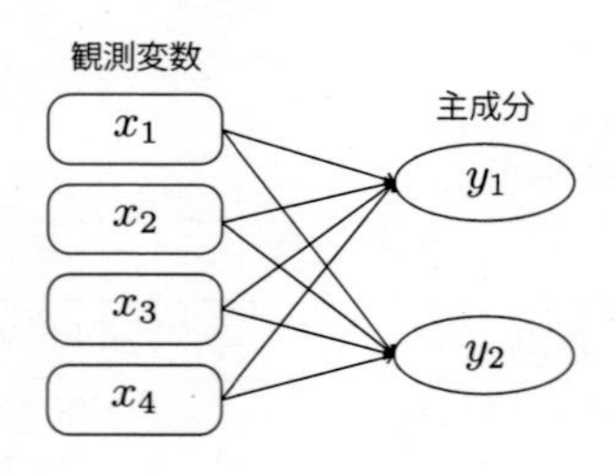

図9.1　主成分分析のパス図

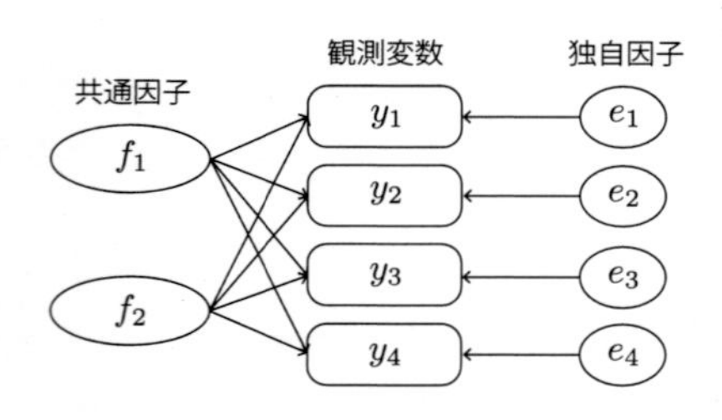

図9.2　因子分析のパス図

9.2　因子分析（因子負荷量，因子得点）

因子分析は，データの背後にある因子を探すことが目的となります．この時，**共通因子**として示される係数を行列としたものを**因子負荷行列**といいます．

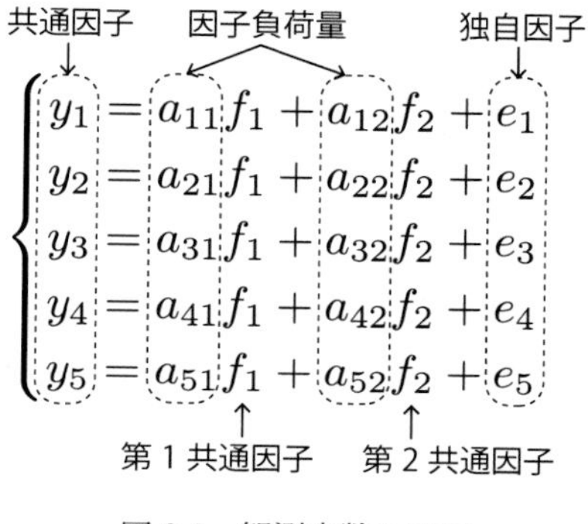

図 9.3　観測変数と因子

因子得点とは，式 (9.1) で表される各因子の値のことをいいます．この因子得点を見ることで，各データの特徴を因子毎に要約して解釈することができます．

$$\begin{cases} y_1 = a_{11}f_1 + a_{12}f_2 + e_1 \\ y_2 = a_{21}f_1 + a_{22}f_2 + e_2 \\ y_3 = a_{31}f_1 + a_{32}f_2 + e_3 \end{cases} \tag{9.1}$$

この共通因子を抽出する方法では，相関行列から独自因子を差し引いた行列の固有値を計算し，固有値が大きく減少しなくなる共通因子の数を決定します．固有値が大きいほど影響の大きな因子ということになります．次に共通因子の強さを示す**因子負荷量**を抽出します．そのための計算方法として，「最尤法」「主因子法」等のいくつかの方法があります．

抽出された因子負荷量から共通因子毎に寄与率を計算することができます．その因子がすべての観測変数に対して，どのくらい影響しているかを示す値です．

各観測変数の因子負荷量を，各因子を軸としたグラフにプロットしたとき，うまく説明できないことがあります．そこで，各因子の軸を回転することで，共通因子の解釈がしやすくなります．これにより，共通因子を解釈します．

因子分析をさらに発展させたものとして，**共分散構造分析**（SEM：Structural Equation Modeling）があります．

9.3　ツールによる因子分析

演習 9.1

「attitude」のデータを用いて，因子分析をおこないなさい．

ソースコード 9.1　因子分析（演習 9.1）

```
summary(attitude) #データの要約
data <- attitude #Attitudeを「data」に
cor <- cor(data);cor #相関行列に
eigen <- eigen(cor)$values;eigen #固有値の計算
plot(eigen, type="b") #固有値の結果をグラフに
```

サンプルデータとして，準備されている「attitude」を使います．「attitude」は働く職員のアンケート結果のデータが納められており，rating（全般的評価），complaints（雇用者の不満の処理），privileges（特別な特権を許さない），learning（学習の機会），raises（成果による昇進），critical（批判的過ぎる），advance（達成度）になり，その要約をまず確認してみます．

ソースコード 9.2　データの要約

```
> summary(attitude)

    rating        complaints     privileges      learning
 Min.   :40.00   Min.   :37.0   Min.   :30.00   Min.   :34.00
 1st Qu.:58.75   1st Qu.:58.5   1st Qu.:45.00   1st Qu.:47.00
 Median :65.50   Median :65.0   Median :51.50   Median :56.50
 Mean   :64.63   Mean   :66.6   Mean   :53.13   Mean   :56.37
 3rd Qu.:71.75   3rd Qu.:77.0   3rd Qu.:62.50   3rd Qu.:66.75
 Max.   :85.00   Max.   :90.0   Max.   :83.00   Max.   :75.00
 raises         critical         advance
 Min.   :43.00   Min.   :49.00   Min.   :25.00
 1st Qu.:58.25   1st Qu.:69.25   1st Qu.:35.00
 Median :63.50   Median :77.50   Median :41.00
 Mean   :64.63   Mean   :74.77   Mean   :42.93
 3rd Qu.:71.00   3rd Qu.:80.00   3rd Qu.:47.75
 Max.   :88.00   Max.   :92.00   Max.   :72.00
```

各変数の相関係数について確認するために，cor 関数を用いて**相関行列**を求めます．

ソースコード 9.3　相関行列

```
> cor <- cor(data);cor

              rating complaints privileges  learning    raises  critical   advance
rating     1.0000000  0.8254176  0.4261169 0.6236782 0.5901390 0.1564392 0.1550863
complaints 0.8254176  1.0000000  0.5582882 0.5967358 0.6691975 0.1877143 0.2245796
privileges 0.4261169  0.5582882  1.0000000 0.4933310 0.4454779 0.1472331 0.3432934
learning   0.6236782  0.5967358  0.4933310 1.0000000 0.6403144 0.1159652 0.5316198
raises     0.5901390  0.6691975  0.4454779 0.6403144 1.0000000 0.3768830 0.5741862
critical   0.1564392  0.1877143  0.1472331 0.1159652 0.3768830 1.0000000 0.2833432
advance    0.1550863  0.2245796  0.3432934 0.5316198 0.5741862 0.2833432 1.0000000
```

次に，相関行列から固有値を，eigen 関数を用いて求めます．固有値は「$values」に格納されており，これを「eigen」に格納し，「;eigen」とすることで，命令を続けることができ，固有値を表示できます．

ソースコード 9.4　固有値

```
> eigen <- eigen(cor)$values;eigen

[1] 3.7163758 1.1409219 0.8471915 0.6128697 0.3236728 0.2185306 0.1404378
```

また，「eigen」を plot 関数で表示します．「type="b"」は，線と点を表示します．

ソースコード 9.5　固有値のグラフ化

```
> plot(eigen, type="b")
```

固有値の大きさ（固有値 1 以上）と減少の大きさの変化（線の傾きがなだらかになる所）から因子数を決定し，図 9.4 からここでは因子数を 2 とします．

次に，factanal 関数を使って，最尤法による因子分析をおこないます．引数の x はデータ行列，factor は因子数（ここでは 2），rotation では varimax か promax の回転方法を指定します．回転には，直交回転と斜交回転があり，それぞれの代表的な方法が，varimax 回転，promax 回転です．回転することにより，軸を回転することで，データを解釈しやすくします．これを「fa」に代入した結果を表示します．

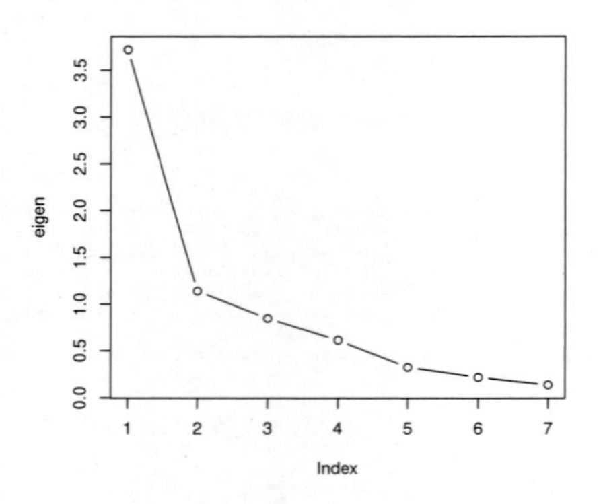

図 9.4　固有値のグラフ

ソースコード 9.6　因子分析の結果

```
> fa<-factanal(x=data,factors=2,rotation="varimax")
> fa

Call:
factanal(x = data, factors = 2, rotation = "varimax")

Uniquenesses:
    rating complaints privileges   learning     raises   critical
advance
     0.210      0.132      0.641      0.396      0.318      0.897
0.037

Loadings:
           Factor1 Factor2
rating     0.882   0.111
complaints 0.914   0.180
privileges 0.505   0.323
learning   0.587   0.509
raises     0.613   0.554
critical   0.152   0.283
advance            0.980

               Factor1 Factor2
SS loadings      2.614   1.756
Proportion Var   0.373   0.251
Cumulative Var   0.373   0.624

Test of the hypothesis that 2 factors are sufficient.
The chi square statistic is 5.47 on 8 degrees of freedom.
The p-value is 0.706
```

Uniquenesses は独自性（独立因子）を示しています．Loadings は因子負荷量で，SS loadings は寄与度，Proportion Var は寄与率，Cumulative Var は累積寄与率を示しています．因子負荷量の絶対値が大きいほど影響が大きくなります．Factor1 では rating，complaints，raises，Factor2 では learning，raises，advance が影響していそうです．Factor1 に名前をつけるとすると「評価」，Factor2 は「成長」とすることができそうです．

演習 9.2

演習 9.1 の因子分析の結果，因子負荷量をプロットしなさい．

最後に，因子負荷量をプロットします．plot 関数を使い，引数に，fa$loadings[,1:2] として因子負荷量を座標に指定します．xlim，ylim は x 軸，y 軸の範囲です．text 関数は座標にラベルをつけることができます．abline 関数は表に線を引きます．

ソースコード 9.7　プロットの操作

```
plot(fa$loadings[,1:2],pch=20,xlim=c(-1,1),ylim=c(-1,1))
text(fa$loadings[,1:2],colnames(attitude))
abline(v=0)
abline(h=0)
```

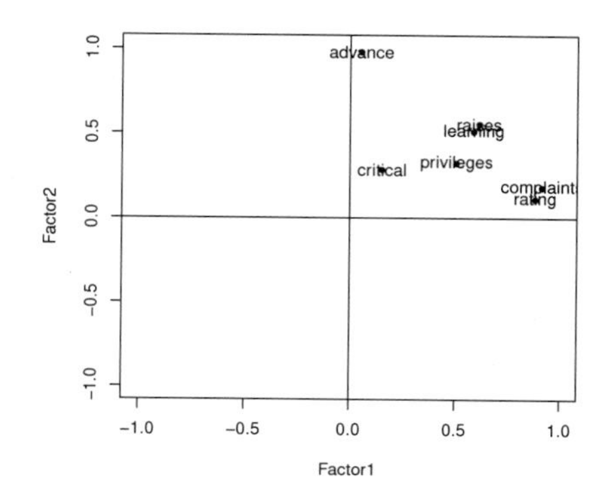

図 9.5　実行結果

第10回

主成分分析

主成分分析は，因子分析と同様に，多変量解析としてデータの要約を目的とする分析で，多くの変数からなるデータの次元を減らし主成分を作ることが目的となります．観測変数から因子を見つける因子分析とは目的が逆になります．

>>> 第10回の目標

- 主成分分析の意味を理解し，計算・分析できる
- 主成分分析の結果を評価できる

10.1　主成分分析（固有ベクトル，主成分得点）

データは，いくつかの変数（観測変数）で構成されているとします．このとき，すべての変数を説明変数とし，係数を掛けて合計する式で表される合成変数を作成します．

$$
\begin{aligned}
y_1 &= a_{11}x_1 + a_{12}x_2 + a_{13}x_3 + a_{14}x_4 + a_{15}x_5 + a_{16}x_6 \\
y_2 &= a_{21}x_1 + a_{22}x_2 + a_{23}x_3 + a_{24}x_4 + a_{25}x_5 + a_{26}x_6 \\
y_3 &= a_{31}x_1 + a_{32}x_2 + a_{33}x_3 + a_{34}x_4 + a_{35}x_5 + a_{36}x_6 \\
&\cdots \\
y_6 &= a_{61}x_1 + a_{62}x_2 + a_{63}x_3 + a_{64}x_4 + a_{65}x_5 + a_{66}x_6
\end{aligned}
$$

そこで，係数のベクトルの大きさが1で，分散が最大（固有値が大きい）となるベクトルを探します．このベクトルを第一主成分（の負荷量ベクトル）と言います．また，この時，合成された数値を第一主成分得点と言います．

主成分分析では，分散の大きさを重要な要素と考えているため，分散をなるべく大きくするための係数の重み付けを算出します．主成分得点から観測変数

を予測（回帰分析）した時，その残差は最小になります．

第二主成分については，第一主成分と直交するベクトルのうち，分散が最大となるベクトルを探します．第三主成分は，第一主成分と第二主成分と直交するベクトルのうち，分散が最大となるベクトルを探していきます．このようにして主成分の負荷量ベクトルを求めていきます．

次に，各主成分の寄与率を求めます．**寄与率**とは，どの程度，情報量を保持しているかを知る指標です．例えば，第三主成分までで，Proportion of Variance（寄与率）が0.8であれば，観測変数の情報量をあまり失わずに，次元を3まで減らせると考えます．

この時，得られた各主成分の意味を推測し，そのことで観測変数の動向を見ることはできますが，これは主成分分析の主たる目的ではありません．

主成分分析を発展させたものとして，AI（機械学習）におけるニューラルネットワークでは，オートエンコーダーと呼ばれる手法により過学習といった問題を解決する手法があります．

10.2　ツールによる主成分分析

演習 10.1

「iris」を用いて，主成分分析をおこないなさい．最後に，第一主成分得点を x 軸，第二主成分得点を y 軸にプロットしなさい．

ソースコード 10.1　主成分分析（演習 10.1）

```
summary(iris) #データの要約
data <- iris[1:4] #1〜4列を「data」に
pca_iris <- prcomp(data, scale=TRUE) #主成分分析
summary(pca_iris) #主成分分析の結果
pca_iris$rotation #固有ベクトルの結果
pca_iris$x #主成分得点の結果
pc1 <- pca_iris$x[,1] #第1主成分得点をpc1(x軸)
pc2 <- pca_iris$x[,2] #第2主成分得点をpc2(y軸)
plot (pc1,pc2,col=iris[,5]) #プロット
```

サンプルデータとして，準備されている「iris」を使います．「iris」はアヤメのことで，Sepal.Length（がく片の長さ），Sepal.Width（がく片の幅），Petal.Length

（花弁の長さ），Petal.Width（花弁の幅）の4つの量的変数と，Species（種，setosa，versicolor，virginicaの3種類）という質的変数で構成されています．その要約をまず確認してみます．

ソースコード 10.2　データの要約

```
> summary(iris)
  Sepal.Length    Sepal.Width     Petal.Length    Petal.Width
Species
 Min.   :4.300   Min.   :2.000   Min.   :1.000   Min.   :0.100
setosa    :50
 1st Qu.:5.100   1st Qu.:2.800   1st Qu.:1.600   1st Qu.:0.300
versicolor:50
 Median :5.800   Median :3.000   Median :4.350   Median :1.300
virginica :50
 Mean   :5.843   Mean   :3.057   Mean   :3.758   Mean   :1.199
 3rd Qu.:6.400   3rd Qu.:3.300   3rd Qu.:5.100   3rd Qu.:1.800
 Max.   :7.900   Max.   :4.400   Max.   :6.900   Max.   :2.500
```

5番目は，「Species」で質的変数ですので，これを除いた，1～4番目のデータを「data」に格納し，「prcomp」関数で主成分分析をおこないます．結果をオブジェクト「pca_iris」に収納します．scale=TRUEは，正規化されているデータでは必要ありませんが，基本的にそのまま入れる方が汎用性は高くなります．

ソースコード 10.3　主成分分析の操作

```
data <- iris[1:4]
pca_iris <- prcomp(data, scale=TRUE)
```

主成分分析の結果を確認します．

ソースコード 10.4　主成分分析の結果

```
> summary(pca_iris)
Importance of components:
                          PC1    PC2     PC3     PC4
Standard deviation     1.7084 0.9560 0.38309 0.14393
Proportion of Variance 0.7296 0.2285 0.03669 0.00518
Cumulative Proportion  0.7296 0.9581 0.99482 1.00000
```

Proportion of Varianceから，第一主成分（PC1）の寄与率が72.96%，第二主成分（PC2）が22.85%になり，第三主成分（PC3）からは寄与率が落ちて，3.669%となります．

ここで固有ベクトルを確認します．オブジェクト名に「$rotation」をつけて出力します．

ソースコード 10.5　主成分分析の結果（固有値）

```
> pca_iris$rotation
                    PC1         PC2        PC3        PC4
Sepal.Length  0.5210659 -0.37741762  0.7195664  0.2612863
Sepal.Width  -0.2693474 -0.92329566 -0.2443818 -0.1235096
Petal.Length  0.5804131 -0.02449161 -0.1421264 -0.8014492
Petal.Width   0.5648565 -0.06694199 -0.6342727  0.5235971
```

第一主成分は Sepal.Length（がく片の長さ），Petal.Length（花弁の長さ），Petal.Width（花弁の幅）の係数がプラスに大きく，これらの影響が強く出る主成分と言えます．一方で，第二主成分は Sepal.Width（がく片の幅）の影響が強く出ています．

次に，この係数を使って主成分得点を出力します．こちらもオブジェクト名に「$x」をつけて出力します．

ソースコード 10.6　主成分分析の結果（主成分得点）

```
> pca_iris$x
              PC1          PC2          PC3          PC4
  [1,] -2.25714118 -0.478423832  0.127279624  0.024087508
  [2,] -2.07401302  0.671882687  0.233825517  0.102662845
  [3,] -2.35633511  0.340766425 -0.044053900  0.028282305
  [4,] -2.29170679  0.595399863 -0.090985297 -0.065735340
  [5,] -2.38186270 -0.644675659 -0.015685647 -0.035802870
  [6,] -2.06870061 -1.484205297 -0.026878250  0.006586116
  [7,] -2.43586845 -0.047485118 -0.334350297 -0.036652767
  [8,] -2.22539189 -0.222403002  0.088399352 -0.024529919
  [9,] -2.32684533  1.111603700 -0.144592465 -0.026769540
 [10,] -2.17703491  0.467447569  0.252918268 -0.039766068
```

出力結果は，最初の 10 行のデータのみを示していますが，実際には，観測変数だけあります．

最後に，主成分得点をプロットします．「pc1」に第一主成分得点「pc2」に第二主成分得点を代入し，これを軸として，プロットします．「col=iris[,5]」は，「iris」データの 5 列目 Species を色分けに使っています．

ソースコード 10.7　主成分分析のグラフ化

```
pc1 <- pca_iris$x[,1]
pc2 <- pca_iris$x[,2]
plot(pc1,pc2,col=iris[,5])
```

第一主成分で，種をある程度，分類することができています．点が固まっている右側部分は，第二主成分で分類できていることが確認できます．

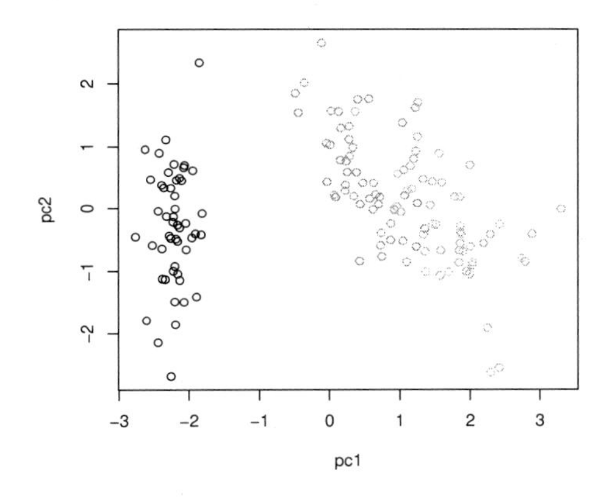

図 10.1　実行結果

第 11 回

演習：Excel によるデータ分析

演習 11.1（データの集計と可視化）

インターネットから入手できる統計データを選び，次のうち 2 つ以上の図表を作成してください．

- 度数分布表
- 円グラフ
- ヒストグラム
- 折れ線グラフ

演習 11.2（需要予測）

R 言語の組み込みデータセット data11_2.csv を サポートページ からダウンロードしてください．この時系列データに対して，移動平均法（データの期間 $n = 3$）と指数平滑法（平滑化係数 $\alpha = 0,4$）によって旅客機の乗客予測をしてください．

演習 11.3（回帰分析）

適当な 3 カ国の日本円に対する為替レートと日経平均株価について，回帰分析をしてください．その際，x を日経平均株価，y を選んだ国の為替レートとします．そのうえで，結果について考察してください．

為替レートのデータは，例えば，次の Web ページから取得できます．

- Yahoo!ファイナンス：`http://finance.yahoo.co.jp/`

演習 11.4（アンケートの作成）

身近なサービスを 1 つ取り上げて，顧客満足度調査を行うためのアンケートを Google forms を用いて作成してください．実際にアンケート調査を行い，収集したデータを簡単なレポートにまとめてください．

演習 11.5（CS ポートフォリオ）

上記の演習で収集したデータを用いて CS ポートフォリオにより満足度調査を行い，その結果をまとめてください．さらに，改善案を提案しましょう．

第 12 回

演習：R によるデータ分析

演習 12.1（重回帰分析 1）

10 社以上の会社の株価と財務データを収集してデータ化し，株価を説明する回帰分析をおこないなさい．その時，どのような説明変数を利用するとよいかも考えてください（株価：売上高，当期利益など）．

演習 12.2（重回帰分析 2）

ボストンの住宅価格のデータセット data12_2.csv をサポートページ からダウンロードしてください．このデータに対して，重回帰分析を行い，より適切な住宅価格の予測モデルを求めてください．さらに，予測モデルの各変数はどのように解釈できるかレポートとしてまとめてください．ボストンの住宅価格データの各変数の詳細は次の Web ページに説明されています．

- カーネギー・メロン大学の StatLib データセットアーカイブ：
  `http://lib.stat.cmu.edu/datasets/boston`

演習 12.3（ロジスティック回帰分析）

第 10 回で利用した「iris」データには setosa，versicolor，virginica の 3 種類のアヤメの品種が含まれています．このうち setosa と versicolor の 2 種類のみを取り出したデータをサポートページからダウンロードしてください．ロジスティック回帰分析によって 2 種類のアヤメを判別する予測モデルを作成しましょう．

演習 12.4（因子分析）

「アンケートの問題」で作成したデータを用いて，因子分析を適用して分析しなさい．

演習 12.5（主成分分析）

「アンケートの問題」で作成したデータを用いて，主成分分析を適用して分析しなさい．

演習 12.6（自由課題）

自由にテーマを設定し，データを収集して分析し，レポートとしてまとめてください．

ヒント：重回帰分析，ロジスティック回帰分析，因子分析，主成分分析

索　引

やさしいデータ分析基礎　ExcelからRへステップアップ

2021年9月1日　初版発行

著　者　佐藤　公俊
藤江　遼
後藤　晃範
平井　裕久

発行所　株式会社　三恵社
〒462-0056 愛知県名古屋市北区中丸町2-24-1
TEL 052 (915) 5211
FAX 052 (915) 5019
URL http://www.sankeisha.com

ISBN978-4-86693-480-8